L'ASIE DU SUD-EST

MARIE GIBERT-FLUTRE

Avant-propos

L'Asie du Sud-Est a longtemps été perçue comme un entre-deux-mondes, un espace intermédiaire entre les géants indiens et chinois. Quelle unité peut receler cet ensemble émietté parce qu'en partie archipélagique ? Quoi de commun dans cette région-carrefour, où coexistent bouddhisme, islam, christianisme et religions ancestrales et où la diversité ethnique est telle que dans certains pays, la proportion des minorités dépasse celle des populations majoritaires ?

Pourtant, l'Asie du Sud-Est est un monde en soi. Les pays qui la composent connaissent des trajectoires de développement comparables, bien que suivant des chronologies différenciées. Ils s'intègrent rapidement dans la mondialisation qui nourrit leur forte croissance économique, mais approfondit encore les inégalités socioterritoriales, notamment dans les modalités de l'urbanisation. Les flux de population dessinent la forme d'une région intégrée : des systèmes migratoires régionaux dominent, organisés autour de la Thaïlande, de la Malaisie et de Singapour, et, depuis la fin des années 2000, le tourisme intrarégional a explosé de façon spectaculaire. Depuis la fin de la guerre froide, l'association des nations de l'Asie du Sud-Est (Asean) s'est progressivement élargie aux anciens États du bloc de l'Est au nom des intérêts politico-économiques communs de ses membres et du sentiment de l'unité régionale.

Les pays de l'Asie du Sud-Est ont la mer en partage et assument la responsabilité de routes maritimes stratégiques à l'échelle mondiale, en particulier dans le détroit de Malacca et en mer de Chine méridionale. La présence de la Chine, qui nourrit de grandes ambitions à l'échelle du continent, est un élément structurant des relations internationales dans la région. Les « nouvelles routes de la soie » suscitent l'espoir d'un développement accéléré et la méfiance vis-à-vis du puissant voisin. Les relations avec la Chine sont souvent conflictuelles, notamment en mer de Chine méridionale. Elle justifie l'attachement des pays de la région à l'alliance américaine et des rapprochements inattendus, comme entre les États-Unis et le Vietnam.

Le « miracle asiatique » qui porte l'Asie du Sud-Est sur le chemin de l'émergence depuis les indépendances n'est pas sans fragilités : la région est exposée à des risques – volcanisme, activité sismique, crise sanitaire, inondations, salinisation des terres agricoles –, aujourd'hui amplifiés par la mondialisation, l'explosion urbaine et le réchauffement climatique.

Ce dossier offrira une plongée inédite dans une région devenue centrale dans la mondialisation et confrontée à des bouleversements sans précédent induits par l'émergence.

Ouvriers construisant une ligne de train à grande vitesse, Laos, 5 juillet 2016 © Gilles Sabrié/The New York Times/REA

LE POINT SUR

Marie Gibert-Flutre
Géographe du Vietnam, de l'Asie orientale et de l'Asie du Sud-Est, chercheuse en Études urbaines, Maître de conférences à l'Université de Paris, membre du CESSMA, UMR 245

Aux confins du continent asiatique, l'Asie du Sud-Est est un ensemble régional dont l'unité pose question. Elle compte aujourd'hui 646 millions d'habitants, très inégalement répartis entre les onze pays qui la composent : la Birmanie, la Thaïlande, le Cambodge, le Laos, le Vietnam, la Malaisie, Singapour, l'Indonésie, le sultanat de Brunei et le Timor-Leste. À l'heure de la mondialisation, cet "angle de l'Asie" – selon la formule du géographe Élisée Reclus (1883) et, plus tard, le sociologue Paul Mus (1977) – s'affirme plus que jamais comme une région d'interface et connaît des recompositions territoriales sans précédent, en lien avec son dynamisme économique et la mobilité de sa population.

La mondialisation contemporaine de l'Asie du Sud-Est, fondée sur une extraversion économique forte et des politiques d'exportation agro-industrielles volontaristes, s'articule avec des modalités d'insertion mondiale très anciennes. La région, dont les 9,3 millions de km² d'espaces maritimes représentent plus du double de la superficie des terres émergées (environ 4,5 millions de km²), a précocement eu une vocation de carrefour commercial et culturel qui a fait la renommée de ses ports et de ses détroits. L'Asie du Sud-Est est également marquée par la présence ancienne de populations chinoises. Elle constitue le foyer historique de la diaspora chinoise dont le projet des nouvelles routes de la soie réactive aujourd'hui le dynamisme. Les colonisations européennes, qui se déployèrent selon deux grandes temporalités entre le XVe et le XIXe siècle, puis les régimes communistes qui instaurèrent de nouvelles formes de coopération avec l'Union soviétique, produisirent autant de périodes de confrontation et de mise en contact structurantes pour le devenir et la mondialisation actuelle de l'Asie du Sud-Est.

Ce numéro interroge les ressorts contemporains de l'intégration d'une région marquée par son extrême diversité – en termes de milieux physiques, ethnolinguistiques, religieux, économiques et politiques – en rendant compte de la variété des trajectoires de développement des différents pays et des recompositions territoriales qui leur sont associées. La complexité des dynamiques socioterritoriales sud-est asiatiques contemporaines s'explique par une triple grille de lecture géographique : la région est engagée de manière concomitante dans des processus de construction nationale, d'intégration régionale et d'insertion mondiale, en partie contradictoires et sources de tension. En outre, le "miracle asiatique" entamé au lendemain des indépendances dans les années 1960 semble atteindre aujourd'hui ses limites, en particulier pour son coût environnemental.

QUELLE UNITÉ RÉGIONALE DE L'ASIE DU SUD-EST ?

Penser l'Asie du Sud-Est comme un ensemble géographique cohérent conduit à s'interroger sur la généalogie des découpages et de la terminologie associée à cette région, longtemps définie depuis l'extérieur, avant que ne s'opère une réappropriation identitaire lors de la fondation de l'Association des nations du Sud-Est asiatique (Asean) en 1967.

Interroger la généalogie des découpages

Les découpages géographiques sont autant de productions politiques, situées dans le temps et dans l'espace, révélatrices de visions du monde qu'il convient d'analyser de manière critique.

L'invention de l'Asie du Sud-Est dans le contexte post-indépendances

L'Asie du Sud-Est fut longtemps un ensemble envisagé et nommé depuis l'extérieur. Pour la Chine, il s'agissait de la région des mers du Sud (*Nan Yang*), quand les Européens y voyaient initialement un prolongement de l'Inde en la nommant "Inde extérieure", "Inde insulaire" ou encore "Indonésie", terme adopté par les Hollandais lors de leur conquête au XVe siècle. Le contexte colonial pesa longtemps sur la représentation et la dénomination de cette région appartenant à un "Extrême-Orient" défini par les Européens.

L'accent mis sur la localisation stratégique de l'Asie du Sud-Est entre l'Inde et la Chine – les deux territoires les plus convoités par les colonisateurs européens –, s'est ensuite traduit par la popularité du terme "Indo-Chine", apparu dans la *Géographie universelle* de Conrad Malte-Brun en 1837, et devenu "Indochine" dans la *Géographie universelle* d'Élisée Reclus en 1880, au moment où l'entreprise coloniale française donne une résonance politique à ce terme. À l'Indochine, qui renvoie à la partie continentale de la région (regroupant les actuels Birmanie, Thaïlande, Cambodge, Laos et Vietnam) répond l'Insulinde pour désigner l'Asie du Sud-Est insulaire (Malaisie, Singapour, Indonésie, Brunei et Philippines). La région fut donc longtemps évoquée au moyen des différents sous-ensembles qui la composent, sans reconnaissance de son unité.

La période des décolonisations, à partir des années 1950 et 1960, marque un tournant avec la montée en puissance de l'expression englobante "Asie du Sud-Est". Son origine remonte à l'établissement du "*South-East Command*" de l'amiral britannique Mountbatten lors de la guerre du Pacifique en 1943 contre le Japon. L'usage du terme demeure géopolitique et stratégique avec l'organisation à partir de 1954 du Traité de l'Asie du Sud-Est (Otase), porté par les États-Unis et destiné à lutter contre l'expansion du communisme après la décolonisation. Ce traité associait initialement les Philippines et la Thaïlande à un ensemble de pays occidentaux et fut dissous en 1977. De manière significative, l'expression "Asie du Sud-Est" fut ensuite adoptée par les États de la région lors de la création de l'Asean en 1967 à Bangkok dans le contexte de la guerre froide. Fondée par cinq pays (Philippines, Malaisie, Indonésie, Singapour et Thaïlande), cette association régionale fut ensuite rejointe par Brunei en 1984, puis le Vietnam, le Laos, la Birmanie et le Cambodge dans les années 1990, après la fin de la guerre froide. Le Timor-Leste a également posé sa candidature dès 2006 mais celle-ci reste toujours en attente de validation. Concept initialement exogène, le terme d'Asie du Sud-Est devient avec la création de l'Asean une notion endogène, porteuse d'un projet d'envergure pour ses différents membres.

La géographie française rend compte de l'émergence de cette région en attribuant un tome propre à l'Asie du Sud-Est (en association avec l'Océanie) dans la dernière édition de la *Géographie Universelle* dirigée par Roger Brunet en 1995. L'usage du terme s'est depuis généralisé dans les champs académiques, politiques et économiques. La représentation de cette région du monde a également beaucoup évolué, rendant compte de sa montée en puissance économique.

De l'angle de l'Asie au carrefour dynamique

Les évolutions terminologiques et les découpages à géographie variable de la région sud-est asiatique témoignent d'un manque de considération pour cet espace longtemps réduit à un statut d'entre-deux, entre les géants indien et chinois. Cette vision reposait à la fois sur des éléments de

Une carte de l'Asie du Sud-Est au XVIIe siècle

"Indes, dites orientales, et des îles voisines", carte en couleur de Willem Blaeu, éditée à Amsterdam en 1640

© AKG images

géographie physique, soulignant la fragmentation de cet espace largement maritime avec de nombreux États archipélagiques, par opposition aux blocs continentaux indiens et chinois, mais aussi sur des critères démographiques, l'Asie du Sud-Est faisant figure de "creux" par rapport à l'Inde et la Chine. Jusqu'au XIXe siècle, les historiens présentaient l'Asie du Sud-Est comme peu peuplée et couverte de forêts. Une croissance démographique rapide s'est cependant amorcée lors des colonisations, soutenue par les migrations indiennes et chinoises organisées par les puissances coloniales. L'accroissement démographique régional s'est ensuite accéléré à partir des années 1950 : la population a été multipliée par 3,9 entre 1950 (165 millions d'habitants) et 2015 (635 millions d'habitants), tandis que la densité moyenne passait de 38 à 144 habitants/km².

La représentation de l'Asie du Sud-Est comme un "creux" a été largement remise en cause par le courant de l'histoire globale au profit d'une vision de la région comme un carrefour à la position privilégiée. Denys Lombard en particulier (1990) met en avant les différentes "strates historiques" qui s'y sont articulées, en analysant les réseaux de diffusion du bouddhisme, de l'indianisation puis de l'Islam dans la région, ainsi que l'organisation structurante des royaumes agraires, en relais desquels émergèrent à partir des XIIIe et XIVe siècles les réseaux marchands musulmans et les sultanats côtiers et comptoirs qui leur sont associés. La littoralisation progressive des centres régionaux fut confortée par les empires coloniaux : dès le XVe siècle avec les Portugais, les Espagnols, les Hollandais et les Anglais, puis lors du "grand partage" du XIXe siècle entre empires britannique, hollandais, français et japonais. Précocement intégrée à des systèmes plus vastes, l'Asie du Sud-Est s'est construite par d'incessantes circulations de personnes, de capitaux et d'idées, fruits de la diversité de ces influences culturelles. À l'heure de la mondialisation contemporaine, ces réseaux historiques connaissent de nouvelles dynamiques, faisant de l'Asie du Sud-Est une région importante sur le plan économique, à même de nouer des alliances suprarégionales inédites.

Replacer l'Asie du Sud-Est en Asie et dans le Pacifique

La mondialisation accélérée de l'Asie du Sud-Est passe par une renégociation de ses rapports avec son environnement régional, en particulier avec la Chine et l'Inde, mais aussi avec le Japon, la Corée du Sud ou l'Australie. Les relations entre l'Asie du Sud-Est et la Chine sont très anciennes, quoique toujours ambiguës, mêlant promesses d'opportunités économiques et menaces d'ingérences. L'Asie du Sud-Est accueille 80 % des membres de la diaspora chinoise. La signature d'un accord de libre-échange entre l'Asean et la Chine en 2010 (Asean-China Free Trade Area, ACFTA) est venue conforter une intégration économique par le développement de réseaux de production entre les deux parties prenantes, comme la montée en puissance de l'ASEAN +3 (Chine, Japon, Corée du Sud) et de l'ASEAN +6 (Chine, Japon, Corée du Sud, Inde, Australie, Nouvelle-Zélande) à la suite de la crise économique asiatique de 1997.

Le concept d'"Asie-Pacifique", historiquement associé à une formule japonaise des années 1960 – en remplacement de la "sphère de coprospérité de la grande Asie orientale" –, a connu un certain succès pendant la guerre froide, à la suite de la formulation de la "nouvelle doctrine du Pacifique" du président américain Gerald Ford en 1975. Cette vision s'est incarnée par la création de la coopération économique des pays d'Asie-Pacifique (connue sous l'acronyme d'Apec en anglais) en

La "sphère de coprospérité" japonaise en Asie
Illustration extraite du Daitoa Kyodo Sengen ("Manifeste pour la coopération de la Grande Asie orientale"), brochure destinée aux enfants, vers 1940

© AKG Images

Procession de moines bouddhistes faisant leur aumône quotidienne
Luang Prabang, Laos, 13 juin 2013
© PJ Heller/ZUMA/RÉA

1989, qui fonctionne comme un forum économique intergouvernemental visant à faciliter les échanges entre les États membres. L'Apec associe les États-Unis et le Canada, ainsi que l'Australie et la Nouvelle-Zélande, à sept pays de l'Asean (Brunei, Indonésie, Malaisie, Philippines, Singapour, Thaïlande et Vietnam), quatre pays de l'Asie orientale (Chine, Japon, Corée du Sud, Taïwan), la Papouasie-Nouvelle-Guinée, la Russie et enfin des pays de la côte Pacifique de l'Amérique latine (Mexique, Chili, Pérou). Cette coopération préfigure l'accord de partenariat transpacifique (TPP), traité multilatéral de libre-échange visant à intégrer les économies des pays bordant le Pacifique. Signé en 2016, ce traité a néanmoins vu le retrait des États-Unis à l'initiative de Donald Trump en 2017, sur fond de tensions avec la Chine. Un nouvel accord, le Partenariat transpacifique global et progressiste (CPTPP) a cependant été signé en 2018 entre le Canada, le Mexique, le Japon, Singapour, la Nouvelle-Zélande, l'Australie, puis par le Vietnam en 2019.

Ces nouvelles donnes géopolitiques constituent autant d'opportunités pour les pays d'Asie du Sud-Est que de défis pour l'intégration d'une région marquée par la diversité des États qui la composent.

Une Asie du Sud-Est plurielle

Une mosaïque ethnolinguistique

La diversité de l'Asie du Sud-Est se lit dans la mosaïque ethnolinguistique, religieuse et culturelle que forme la région : on y trouve l'Indonésie, premier pays musulman au monde en termes de nombre de fidèles, les Philippines dont le nom porte la trace de l'héritage colonial espagnol, les bas-reliefs d'Angkor qui rappellent l'importance des influences indiennes et un nombre important de pays (en particulier Singapour, la Malaisie et l'Indonésie) accueillant une communauté chinoise dont la proportion dans la population nationale est très élevée. Les pays d'Asie du Sud-Est sont de taille et de peuplement extrêmement variés : aux 700 km² de la Cité-État de Singapour s'opposent les 19 millions de km² de l'Indonésie, et aux 410000 habitants de Brunei les 251 millions d'Indonésiens. La densité de peuplement y est également très variable : au Laos, elle est cinq fois moins importante que la moyenne régionale, mais elle représente le double au Vietnam et plus encore aux Philippines. Au sein des populations nationales, la présence importante de minorités ethnolinguistiques est cependant un trait culturel partagé, à des degrés divers, par l'ensemble des pays de la zone.

Dans les années 1960, l'ethnologue Georges Condominas avait entrepris la publication d'un atlas ethnolinguistique de l'Asie du Sud-Est qui recensait non moins de 168 langues austro-asiatiques et 1268 langues austronésiennes (ce dernier ensemble incluant le vaste groupe des langues malayo-indonésiennes). La diversité de ces langues et des écritures associées constitue une trace vivante des migrations successives dans une

Populations et États de l'Asie du Sud-Est

Pays	Population	Surface en km²	Densité en hab./km²	Groupe ethnique majoritaire	Minorités en %
Brunei	428599	5800	74	Malais	34,3
Timor-Leste	1234069	15000	82	Austronésien (malayo-polynésiens)	nc
Singapour	5612253	633	8866	Chinois	25,7
Laos	6681818	237000	28	Lao	46,8
Cambodge	15444654	182000	85	Khmer	2,4
Malaisie	32049700	330000	97	Bumiptera (Malais et populations autochtones de Bornéo)	38
Birmanie	53010316	676000	78	Birman	32
Thaïlande	67653000	513000	132	Thaï	2,5
Vietnam	93682400	331000	283	Kinh (Viet)	14,3
Philippines	104921400	300000	350	Tagalog	71,9
Indonésie	265265194	1900000	140	Javanais	69,9
Asie du Sud-Est	645983403	4490433	144		

Source: CIA factbook

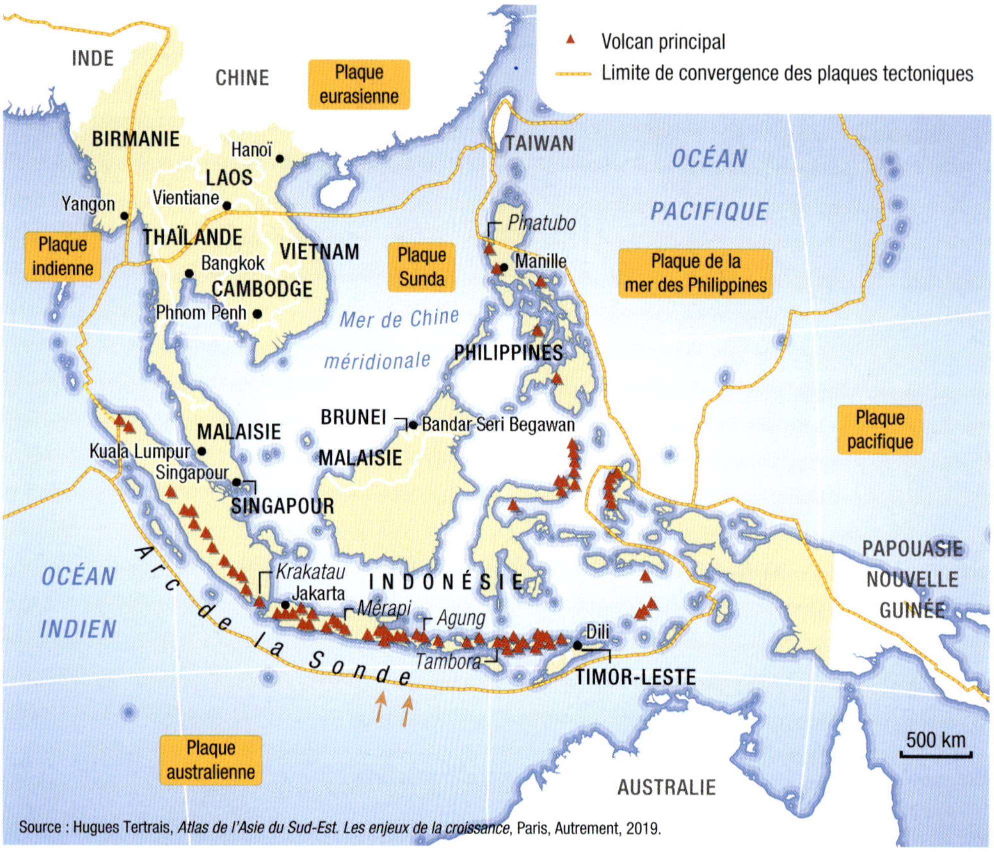

La "ceinture de feu" du Pacifique

région carrefour. L'Asie du Sud-Est continentale ne compte pas moins de quatre familles linguistiques et quatre systèmes d'écriture. La part des populations minoritaires varie cependant grandement d'un État à l'autre, mais elle est toujours associée à une géographie des marges nationales. Les populations minoritaires occupent en effet les montagnes et hauts plateaux frontaliers du continent et les centres montagneux des îles périphériques des pays insulaires. À cette localisation marginale s'opposent les plaines, les deltas, les bassins fluviaux et les littoraux des populations majoritaires, fortement associées aux représentations communes de la région.

À cette diversité ethnolinguistique s'articule une mosaïque de religions. Le bouddhisme theravada domine en Birmanie, en Thaïlande, au Cambodge et au Laos, alors que le bouddhisme mahayana caractérise le Vietnam. L'Islam est très présent en Asie du Sud-Est insulaire, en particulier en Indonésie, où 87 % de la population se déclare musulmane et pratique un islam sunnite, mais aussi en Malaisie et à Brunei. Aux Philippines enfin, le christianisme domine malgré la diversité religieuse du pays. Aux grandes religions s'ajoutent de nombreuses pratiques religieuses locales, plus ou moins syncrétiques.

La diversité des milieux naturels

À l'exception des extrêmes nords birman et vietnamien, l'Asie du Sud-Est est située dans la zone intertropicale et se caractérise par une grande diversité biogéographique et de milieux. Étirée des contreforts himalayens à la Nouvelle-Guinée, la région est l'une des plus riches au monde pour sa biodiversité, associée à un climat chaud et humide. On estime qu'elle abrite environ 20 % des espèces animales et végétales de la planète, avec une place particulière occupée par l'archipel indonésien, véritable interface bioclimatique entre les mondes eurasiatiques et australiens. La région se caractérise également par son climat de mousson, phénomène d'alternance d'orientation des vents se traduisant par une opposition structurante entre saison sèche et saison des pluies, plus ou moins marquée dans chacun des pays selon la distance à l'équateur et la configuration des reliefs. L'Asie du Sud-Est se situe par ailleurs à la jonction de trois des sept bassins cycloniques mondiaux et dans une zone de convergence tectonique, entre les plaques indo-australiennes, des Philippines et Pacifique, qui glissent au rythme moyen de sept à huit centimètres par an sous la plaque eurasienne. Elle constitue en outre l'extrémité occidentale de la ceinture de feu du Pacifique, arc volcanique de plus de 40 000 km qui borde l'océan. Elle en forme une marge active cumulant séismes et volcanisme. Ces éléments sont d'importants facteurs d'aléas naturels et de risques.

L'opposition topographique est importante entre Asie du Sud-Est continentale et Asie du Sud-Est insulaire : aux masses continentales du nord s'oppose l'éparpillement insulaire du sud, avec les deux grands États archipélagiques que sont l'Indonésie et les Philippines. Au nord-ouest, une masse compacte de terres émergées de 2 millions de km² en continuité avec le territoire chinois est organisée autour de grands bassins fluviaux séparés par des chaînes de montagnes à l'orientation générale méridienne. D'ouest en est, de la Birmanie au Vietnam, se succèdent ainsi les bassins de l'Irrawaddy, du Salouen, de la Chao Phraya, du fleuve Rouge et du Mékong. L'opposition topographique entre grandes plaines fluviales et montagnes y est structurante, d'autant qu'elle a donné lieu à des modèles de peuplement et d'organisation spatiale différents : à la riziculture des plaines peuplées par les populations majoritaires s'opposent des montagnes forestières, où les minorités ethniques pratiquent des agricultures moins intensives, notamment sous forme de défriche-brûlis. Un modèle géographique centre-périphérie s'y est donc historiquement solidement ancré. L'Asie du Sud-Est continental compte quatre des cinq plus importants deltas de la région : delta du Mékong (le plus grand, partagé entre Cambodge et Vietnam), de l'Irrawaddy en Birmanie, de la Chao Phraya en Thaïlande, du fleuve Rouge au nord du Vietnam. Le climat tropical de mousson s'y traduit par une saisonnalité très marquée.

L'Asie du Sud-Est insulaire, séparée de la partie continentale par l'isthme de Kra, se caractérise par la discontinuité et le morcellement, et un climat tropical humide marqué par la proximité immédiate de l'équateur. Cette partie insulaire représente 2,5 millions de km² de terres émergées mais, étant en majorité maritime, elle occupe une superficie beaucoup plus vaste que son pendant continental. On compte ainsi 5000 km entre les extrémités est et ouest de l'archipel indonésien, qui couvre dans son ensemble un espace maritime aussi vaste que le territoire des États-Unis. En Asie du Sud-Est insulaire, les contrastes sont visibles entre les différentes îles et entre les différentes façades maritimes des péninsules, mais aussi entre les côtes, où se concentre une grande partie de la population, des activités agricoles et des villes, et l'intérieur des îles, souvent montagneux. Les fleuves y sont nombreux mais beaucoup plus courts qu'en Asie du Sud-Est continentale et leurs bassins sont de taille réduite. Le delta de la Ciliwung sur l'île de Java, en Indonésie, complète en revanche la liste des grands deltas très peuplés de la région. Les îles de Bornéo, Sumatra et de Nouvelle-Guinée font cependant exception à ce schéma : les plaines côtières y sont majoritairement marécageuses et moins peuplées que les vallées intérieures. L'Asie du Sud-Est insulaire concentre la majeure partie de l'activité volcanique de la région, notamment le long de l'arc de la Sonde qui s'étend sur 3000 km du nord de Sumatra jusqu'à l'archipel des Moluques, et sur l'ensemble du territoire philippin.

L'Asie du Sud-Est vue de ses mers

La superficie de l'espace maritime régional représente plus du double de celle des terres émergées et, à l'exception notable du Laos, tous les pays de la région bénéficient d'une façade maritime, de plus en plus aménagée et intégrée dans les réseaux économiques nationaux, régionaux et mondiaux. Cet espace maritime est organisé en un ensemble complexe de mers, dont la mer de Chine méridionale – terminologie aujourd'hui contestée par nombre d'États de la région – constitue l'élément pivot et joue, à bien des égards, un rôle de "Méditerranée asiatique" pour reprendre l'expression du sinologue François Gipouloux. À cette mer centrale s'articulent un ensemble de golfes et de mers semi-fermées : mer de Sulu, mer de Sulawesi, mer de Java, mer d'Arafura et de Timor, mer de Banda et détroit de Malacca ouvrant sur la mer d'Andaman. Sur les plateformes continentales, les mers sont peu profondes, à l'exception des fosses de l'arc de la Sonde et de Java sur les côtes sud et ouest de Sumatra et de Java et de Mindanao aux Philippines.

Les mers sud-est asiatiques sont associées à des ressources halieutiques et énergétiques qui attisent les convoitises et les tensions aux échelles régionale et mondiale. Elles sont aussi l'un des principaux carrefours de la circulation maritime internationale autour de détroits de Malacca, de la Sonde et de Lombok-Makassar. Les routes maritimes intra-asiatiques ne cessent par ailleurs de s'y renforcer, en parallèle avec le développement des grands ports de commerce, accentuant encore les enjeux géopolitiques associés à cet espace central dans la région.

La mer a joué un rôle précoce de carrefour d'échanges et participe pleinement à l'intégration régionale, autour d'une identité culturelle commune, où les circulations sont une constante. La période contemporaine voit le rapport à la mer des États riverains se renforcer encore davantage : les revendications territoriales s'y multiplient et la délimitation des frontières y est conflictuelle, tant l'interprétation du droit de la mer issu de la Convention des Nations Unies de 1982, dite Convention de Montego Bay, est sujette à caution dans un espace où se concentrent États archipélagiques, îles et péninsules. Les gouvernements entendent aujourd'hui faire valoir leurs droits à des zones économiques exclusives (ZEE) dans un processus de territorialisation de l'espace maritime.

Arrestation de pêcheurs vietnamiens par la police indonésienne
Archipel de Riau en mer de Chine méridionale, Batam, Indonésie, 24 juin 2016

LES DYNAMIQUES DE L'ÉMERGENCE

Au lendemain des indépendances, l'Asie du Sud-Est fait partie du monde en développement et se trouve dans une situation de forte dépendance économique vis-à-vis des économies plus avancées de la planète. Cinquante ans plus tard, les États sud-est asiatiques ont décollé sur le plan économique, divergeant peu à peu de la trajectoire des pays africains dont ils partageaient pourtant bien des traits dans les années 1960. La réalité de ce "miracle asiatique" demande à être nuancée.

L'ouverture économique et le "miracle asiatique"

La forte croissance économique qui caractérise le "miracle asiatique" s'est propagée par vagues successives dans les différents pays de la région, avec des temporalités décalées entre les années 1960 et 1990, mais avec un même modèle de développement fondé sur une extraversion économique et l'essor d'agricultures et d'industries d'exportation.

Un modèle de croissance fondé sur l'extraversion économique

Le modèle du "vol des oies sauvages" adopté par le Japon dans les années 1950 peut utilement être repris pour analyser les différentes phases du développement économique en Asie du Sud-Est. Ce développement repose sur la capacité progressive des pays à exporter des produits à la technicité et à la valeur ajoutée de plus en plus élevées au fil du temps. Cette montée en gamme est permise par l'accueil progressif d'investissements étrangers et des transferts technologiques reflétant une division régionale du travail liée aux avantages comparatifs de chaque pays. Après le Japon, qui lance le mouvement dès les années 1950, Singapour fait partie de la catégorie "nouveaux pays industrialisés", États souvent connus sous le nom de "dragons asiatiques" (avec la Corée du Sud, Taïwan et Hong Kong) : à l'industrie lourde et portuaire des premiers temps de l'indépendance s'est aujourd'hui substituée une économie tertiaire de pointe (recherche et développement, industrie pharmaceutique) et financière. Les années 1980 ont ensuite vu émerger les "bébés tigres", selon des modalités propres à chaque pays : industrialisation à vocation exportatrice précoce en Thaïlande et aux Philippines, exportation de matières premières (pétrole et huile de palme en particulier) en Malaisie, avant que cette dernière ne se lance dans une course aux hautes technologies. Les pays anciennement communistes ont progressivement rejoint ce schéma de développement à partir des années 1990 (Vietnam, Cambodge, Laos). Ils comptent sur une main-d'œuvre compétitive, d'abord largement investie dans l'industrie textile et l'industrie lourde, puis dans des secteurs de plus en plus spécialisés. Le Vietnam, qui demeure un pays producteur de biens de consommation courante à faible valeur ajoutée (textile, petit équipement), s'est également illustré ses dernières années par la production des premiers smartphones et voitures intégralement fabriqués sur place, signe d'une montée en gamme industrielle.

Ce modèle économique a nécessité une transformation structurelle des appareils productifs dans l'industrie mais aussi dans l'agriculture, secteur également à vocation exportatrice qui a vu se multiplier les plantations industrielles (huile de palme, café, hévéa, etc.). Cette industrialisation rapide a permis de ne pas faire reposer les économies régionales sur la seule présence de matière première. Les forts taux de croissance associés sont remarquables par leur longévité, même si la crise financière de 1997-1998, liée à l'éclatement de la bulle spéculative en Thaïlande, est temporairement venue y porter un coup d'arrêt. La croissance économique a ensuite repris, mais à un rythme moins soutenu.

Derrière ce "miracle" asiatique se trouvent à la fois une volonté de libéralisme économique et une stratégie d'ouverture au commerce mondial, mais également un puissant interventionnisme des États, dont la plupart se caractérisent par des régimes politiques forts, si ce n'est autoritaires. La mondialisation économique de l'Asie du Sud-Est a donc pour spécificité d'être largement portée et contrôlée par des États qui se présentent volontiers comme "développementalistes" et garants des politiques industrielles et commerciales.

Les mutations démographiques

Le développement économique de la région s'est simultanément traduit par une forte croissance démographique et une amélioration générale de l'état de santé des populations. Le taux de mortalité a été divisé par trois depuis 1950 et l'espérance de vie est de 70,5 ans, contre 46,5 ans en 1950. Ces chiffres témoignent de la transition démographique de la région, malgré des décalages chronologiques selon les pays. La baisse de la mortalité est le fruit conjoint du développement économique et de politiques volontaristes des États. La baisse des maladies infectieuses, comme la dysenterie, le paludisme et la dengue, résulte de programmes étatiques et de la mobilisation de grandes organisations internationales. L'équipement des pays en infrastructures sanitaires de base et les campagnes de vaccination ont joué un rôle important : le taux de couverture vaccinal qui était de 40 % de la population à l'échelle régionale en 1970 est aujourd'hui de 70 à 98 % selon les pays. La mortalité infantile a diminué grâce à une meilleure prise en charge des patientes lors de la grossesse et grâce à la lutte contre les maladies infectieuses. Cependant, en dépit des campagnes de vaccination, la mortalité infantile reste élevée dans les pays les plus pauvres (Laos, Timor-Leste et Birmanie en particulier), notamment dans les régions périphériques et montagneuses où l'accès aux soins est limité.

La baisse de la fécondité à l'échelle régionale est un autre élément notable. Elle est étroitement cor-

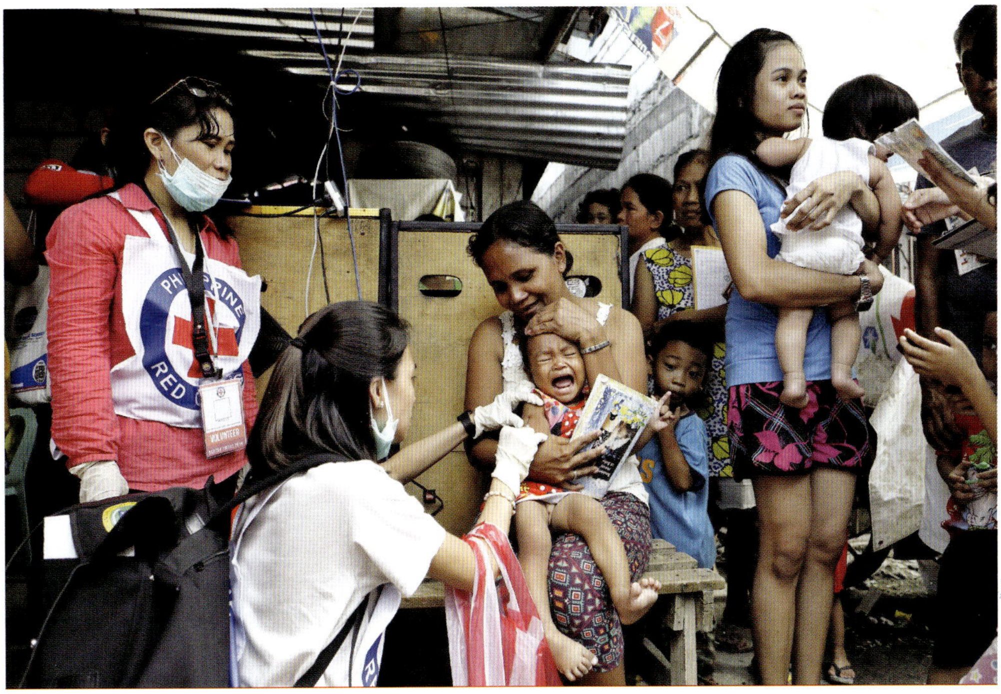

Une campagne de vaccination contre la rougeole aux Philippines
Manille, 16 février 2019
© Alejandro Ernesto/ ZUMA Press/ZUMA/RÉA

rélée au niveau de développement des différents pays. Singapour est passée sous le seuil de renouvellement des générations dès 1975 avec moins de 2,1 enfants par femme. La cité-État a été suivie par la Thaïlande, où la baisse de la fécondité a également été rapide et très précoce, et par le Vietnam. À l'inverse, le Laos et les Philippines comptent encore une moyenne de trois enfants par femme et le Timor-Leste fait figure d'exception avec un taux de fécondité de 5,9 enfants par femme, l'un des plus élevés au monde. Des politiques de planification des naissances ont été largement promus par les États, comme au Vietnam. En Indonésie, la politique de planning familial fut lancée dès les années 1960 avec pour objectif principal de réduire la pression démographique qui pesait sur l'île de Java. L'Asie du Sud-Est se prépare donc maintenant à faire face au défi social majeur du vieillissement de sa population. L'absence de systèmes de sécurité sociale et de retraites constitue un enjeu de taille pour les gouvernements.

Les défis environnementaux du "miracle asiatique"

Outre d'importants défis sociaux, relatifs à l'accroissement des inégalités aux échelles nationales et locales, le "miracle" de l'émergence économique sud-est asiatique est aujourd'hui confronté à des défis environnementaux sans précédent, mettant en cause la durabilité de son modèle de développement.

La région est exposée à de nombreux aléas et risques naturels, d'ordres climatique, sismique et volcanique, mais leurs effets s'accentuent en raison de choix économiques accroissant la vulnérabilité des territoires et des populations, et du réchauffement climatique. Le delta du Mékong, véritable "grenier" à riz vietnamien, est aujourd'hui devenu un symbole de l'urgence du défi environnemental : la hausse du niveau de la mer, combinée à l'intensification des sécheresses affectant les affluents du fleuve et à la baisse du débit du fleuve causée par la multiplication des barrages en amont, s'accompagne d'une salinisation des terres et d'épisodes d'inondations de plus en plus intenses et problématiques. Le défrichage accéléré des forêts représente un autre facteur de vulnérabilité : il porte atteinte de manière irrémédiable à la biodiversité régionale et ne permet plus le maintien des sols lors des épisodes cycloniques, conduisant à des catastrophes récurrentes. Les forêts sont largement sacrifiées sur l'autel de l'extraversion économique : considérés comme autant de terres disponibles, des milliers d'hectares sont convertis chaque année en cultures commerciales de plantation, remettant également en cause les systèmes fonciers traditionnels, associés à une agriculture familiale. Poussée à l'extrême, la "révolution verte" menace aujourd'hui gravement l'environnement.

Les "valeurs asiatiques" au service de l'autoritarisme

L'extraversion économique et l'insertion mondiale comme mots d'ordre du développement ne doivent pas masquer l'enjeu de la consolidation de la construction nationale dans des États aux indépendances encore relativement récentes, soucieux de constamment réaffirmer leur souveraineté à l'échelle mondiale et leur autorité à l'échelle nationale.

Des États forts

Le modèle politique de l'État fort domine dans la région ainsi qu'un interventionnisme assumé en matière économique et dans la gestion des questions foncières. Le discours des "valeurs asiatiques", qui prit corps dans les années 1990 en opposition aux "prétendues" valeurs démocratiques occidentales, traduit un projet géopolitique alternatif: la croissance économique reposerait sur une stabilité politique, apportée par un mode de fonctionnement institutionnel très hiérarchique et la figure de l'homme fort, au pouvoir durable, dont Lee Kuan Yew à Singapour et Mahathir Mohamad en Malaisie ont été les incarnations les plus marquantes. Le refus de l'universalisme porté par l'Occident a conduit à l'invention d'un capitalisme offensif, déconnecté des modèles politiques démocratiques et multipartistes. La prospérité de l'État l'emporte sur des libertés individuelles, vues comme potentiellement déstabilisatrices pour l'ordre social et l'économie.

L'Asean est conçue comme une organisation régionale au service d'États souverains et indépendants. Paradoxalement, elle contribue à l'affirmation des identités nationales et devait, dès ses débuts, permettre l'affaiblissement de forces centrifuges internes, en particulier les mouvements communistes. "L'*Asean way*" prône la non-ingérence entre pays membres, privilégie la recherche du consensus, bannit la mise en place de dispositifs institutionnels ou juridiques contraignants et refuse toute création d'institutions supranationales. L'Asean a donc contribué à renforcer les structures de pouvoir en vigueur. Cette construction régionale vise également à réduire et régler les potentielles tensions entre les membres, notamment liées aux enjeux frontaliers.

Contrôle des frontières et dérives autoritaires

Aucun État d'Asie du Sud-Est ne correspond à la conception de l'État-nation admise par l'Unesco, où les frontières politiques et culturelles se confondent. L'intégration et le contrôle des populations minoritaires au sein des États demeurent des questions sensibles sur le plan identitaire mais aussi géopolitique, en lien avec le contrôle des frontières et la récente valorisation économique des espaces frontaliers, par l'économie extractive, les fronts pionniers agricoles et les nouveaux grands projets de coopération transnationale. Le conflit résiduel du temple de Preah Vihear, à la frontière entre le Cambodge et la Thaïlande, incarne les crispations nationalistes associées à ces espaces frontaliers, tout comme les tensions en mer de Chine méridionale. Le contrôle du territoire national et de ses frontières dans un contexte postcolonial justifie le déploiement de rhétoriques nationalistes, particulièrement fortes au Vietnam et en Birmanie. L'intégration régionale et l'insertion mondiale ne doivent ainsi en aucun cas compromettre d'impératif de la construction nationale dans des États multiethniques, où les inégalités socioterritoriales entre centres et périphéries ne cessent de se creuser et se cristallisent en particulier autour des enjeux fonciers.

Le souci de la maîtrise des frontières et de la réaffirmation de la sûreté de l'État se traduit également par la volonté de contrôler la presse et Internet. Le Vietnam est le pays le plus mal classé en la matière (176e rang sur 180 dans le classement mondial de la liberté de la presse 2019 établi par Reporteurs sans frontières), mais tous les autres pays de l'Asean figurent dans les 57 derniers rangs du classement. Les lois sur la cybersécurité votée en Thaïlande et au Vietnam en 2019 montrent l'accentuation de la pression exercée sur Internet et le déni de la liberté d'expression, autant de manifestations d'une dérive autoritaire.

La construction d'une région sud-est asiatique s'opère de manière pragmatique et fonctionnelle, bien plus que par des leviers politiques et institutionnels. La multiplication des circulations de tout ordre participe de la production d'une identité et d'un fonctionnement de plus en plus intégré sur le plan économique. Cette dynamique d'intégration repose sur les différentiels de développement entre pays dans le temps, entraînant des vagues successives d'investissement et de délocalisation industrielle. La construction de grandes infrastructures de transport transnationales est également un élément majeur.

Des triangles de croissance aux corridors de développement

Plusieurs modèles d'intégration économique régionale ont successivement vu le jour en Asie du Sud-Est: les zones franches d'exportation (ZEF) ont été initiées à Singapour dès 1968, avant que la cité-État ne délocalise une partie de sa production industrielle à forte demande de main-d'œuvre dans les zones franches d'États voisins, la Malaisie et l'Indonésie. La politique économique intégratrice fut renforcée par le "plan connectivité" pour les réseaux de transport internationaux au sein de l'Asean à partir des années 2010. Cette politique de transport concerne à la fois le réseau autoroutier de l'Asean (*Asean Highway Network*) et plus récemment le rail avec le projet de la ligne à grande vitesse Singapour-Kunming. Les liaisons maritimes sont également améliorées: le système de transport Roll-on/Roll-off (RO-RO) voué à faciliter le transbordement des cargaisons doit être étendu dans 47 ports. Les connexions aériennes sont aussi devenues primordiales, avec la montée en puissance ces dernières décennies des compagnies régionales à bas coût qui transportent 60 % des passagers au sein de l'Asean (contre seulement 33 % en Europe). Air Asia en est l'emblème historique dans la région. Sa création en 1993 a été suivie par celle de 22 compagnies à bas coût qui adaptent leurs tarifs et leurs services à l'émergence de la classe moyenne régionale.

Dans un double contexte d'intégration régionale et d'insertion mondiale, les projets transfrontaliers ont historiquement joué un rôle majeur, ouvrant la voie aujourd'hui à d'ambitieuses politiques transnationales. La première génération de ces projets, connue sous le nom de "triangles de croissance", a exploité la complémentarité entre territoires limitrophes, en jouant des différentiels de développement. Le triangle Sijori, autour de la zone transfrontalière entre Singapour, Johor (en Malaisie) et Riau (en Indonésie) en est l'exemple le plus emblématique, promouvant le développement conjoint de ces trois territoires en jouant sur une

Usine de la China Railway Rolling Stock Corporation (CRRC) en Malaisie
Production de matériel ferroviaire, Batu Gaja, Malaisie, 29 mars 2018
© Zhu Wei/Xinhua/RÉA

division microrégionale du travail : Singapour a ainsi étendu un important réseau de sous-traitance industrielle, profitant des salaires neuf fois moins élevés en Malaisie que sur son propre territoire et jusqu'à vingt-cinq fois moins en Indonésie. Très contrainte en termes de développement territorial, la cité-État a également eu recours aux disponibilités foncières bien supérieures de ses voisins. Mis en place dans les années 1990, ce modèle a évolué à la mesure des réorientations industrielles de chaque État. Une seconde génération de projets d'intégration transfrontalière s'est ensuite développée dans l'ensemble de la région, avec des territoires concernés toujours plus vastes, comme le projet IMT-GT ou "zone du grand Est" qui articule Brunei, les États de Kalimantan est et ouest, de Sulawesi nord en Indonésie, les États de Sabah et Sarawak en Malaisie et de Mindanao et Palawan aux Philippines. L'objectif affiché n'est plus lié aux seuls aménagements transfrontaliers, mais à un affichage ambitieux de coopération transnationale.

Depuis la fin des années 1990, la banque asiatique de Développement (Bad) soutient par ailleurs les projets des "corridors de développement", fondés sur l'instauration de zones de libre-échange et de grands axes de transport transnationaux, pensés comme autant d'outils de l'intégration régionale et comme un moyen de développer des régions restées en marge du développement en les articulant à de grandes régions industrielles et urbaines. La région du Grand Mékong, qui associe les cinq pays de la péninsule indochinoise (Birmanie, Laos, Thaïlande, Cambodge et Vietnam) et les deux provinces méridionales chinoises du Yunnan et du Guangxi, constitue l'exemple le plus abouti de ce modèle. L'association décisive de la Chine, devenue bailleur principal des projets d'infrastructure de la région, témoigne de la réappropriation contemporaine des corridors de développement sud-est asiatiques au service du projet de nouvelles routes de la soie lancé en 2013. L'intégration régionale se fait dans l'ombre de plus en plus pressante de grand voisin chinois. À la suite de la région du Grand Mékong, de nouveaux corridors de développement furent également instaurés en Asie du Sud-Est insulaire, le long de l'axe Songkhla-Penang-Medan, Melaka-Dumai et Ranong-Phuket-Aceh dans le détroit de Malacca et de l'axe lan-Tahuna, Zamboangan-Bongao, Tawi-Tawi et enfin Bongao-Sandakan dans la Région du Grand Est. L'objectif de ces corridors vise à renforcer les liaisons maritimes le long de ces axes, en valorisant des ports fonctionnant en doublon de part et d'autre des frontières nationales.

Mobilités et migrations intrarégionales

L'intégration régionale se traduit au quotidien par l'explosion des mouvements de population internes à l'Asie du Sud-Est, dans le cadre de circulations migratoires comme touristiques. Les migrations internes étaient estimées à 6,9 millions de personnes en 2015, soit trois fois plus qu'en 1995. Les migrations de travail, légales ou non, sont anciennes et en forte croissance. La recomposition contemporaine des flux intrarégionaux traduit la variété des degrés d'ouverture économique et des niveaux de développement selon les pays. Deux sous-systèmes migratoires organisent la région : le premier, en Asie du Sud-Est continentale, est centré sur la Thaïlande, à la fois pays d'émigration, d'immigration, de transit et d'accueil de populations réfugiées ; le second est structuré autour de la Malaisie, Singapour et Brunei.

L'essor du tourisme international constitue un autre élément clef de la régionalisation et de la mondialisation de l'Asie du Sud-Est. Près de la moitié des touristes internationaux dans la région sont des habitants de l'Asean, de plus en plus nombreux à faire du tourisme dans les pays voisins. Les touristes de l'Asie orientale – Chinois, Coréens et Japonais – constituent le second contingent.

Travailleurs migrants birmans dans un marais salant en Thaïlande
Na Khok, Samut Sakon, Thaïlande
28 mars 2014

Au total, près de trois quarts des touristes internationaux en Asie du Sud-Est sont des Asiatiques, cette activité participant à l'intégration régionale sur le plan identitaire. La Chine porte assez largement la croissance touristique actuelle. Cette croissance globale demeure inégalement répartie entre les pays de la région : la Thaïlande domine le classement avec l'accueil de plus de 35 millions de touristes internationaux, devant la Malaisie, 26 millions, puis Singapour, l'Indonésie et le Vietnam. Les Philippines, le Cambodge, la Birmanie et le Laos accueillent en revanche entre 3 et 6 millions de touristes par an, quand Brunei et le Timor-Leste sont sous la barre des 250000.

Une intégration "par le bas" : l'Asie du Sud-Est des trafics

Aux initiatives étatiques de coopération régionale et aux flux migratoires et touristiques s'articule une géographie des trafics et de l'illicite, participant d'une autre forme d'intégration régionale. L'économie illégale recouvre un vaste secteur allant de la contrebande (trafic illégal de biens légaux) aux trafics illicites (commerce illégal de biens illégaux) et dispose de routes propres, ainsi que de nœuds d'échanges. Leur organisation est en perpétuelle recomposition pour s'adapter aux évolutions du marché et aux dispositifs de contrôle et de répression. La région transfrontalière du "Triangle d'or" aux confins montagneux de la Birmanie, de la Thaïlande et du Laos en constitue un exemple emblématique, tout comme la figure des pirates en mer de Chine méridionale. Le Triangle d'or fut longtemps associé à la culture du pavot à opium, historiquement payée en or, et aux trafics qui en découlent. Elle illustre la difficulté qu'ont les États à contrôler leurs marges montagneuses, même si la Thaïlande a réussi à endiguer la culture de l'opium en sécurisant sa zone frontalière dès la fin des années 1980. De même, face à la recrudescence du trafic d'armes et de la piraterie en mers de Sulu et des Célèbes, les trois États riverains, l'Indonésie, la Malaisie et les Philippines, ont ratifié une série d'accords de coopération en 2016 afin de mieux contrôler cet espace stratégique. La lutte contre les trafics transnationaux engendre ainsi de nouvelles formes de coopération régionales.

LES RECOMPOSITIONS TERRITORIALES RÉGIONALES

Les dynamiques conjointes de construction nationale, d'intégration régionale et d'insertion mondiale en Asie du Sud-Est se traduisent par d'importantes recompositions territoriales, visibles à toutes les échelles. Les espaces qui concentrent les mutations sociospatiales les plus tangibles sont les centres urbains, véritables moteurs économiques de la région, et les régions de marge qui connaissent plus récemment des transformations à marche forcée. Les espaces maritimes sont également devenus éminemment stratégiques.

Mutations urbaines et métropolitaines

Le modèle régional dominant d'une croissance fondée sur l'extraversion de l'économie passe par une revalorisation des centres urbains, en particulier en situation côtière, permettant de connecter les États aux flux économiques mondiaux. Véritables leviers du développement, les métropoles régionales concentrent une population toujours plus importante et connaissent de profondes mutations qui affectent les formes urbaines dont elles héritent.

Un palimpseste d'héritages urbains

Les villes sud-est asiatiques contemporaines sont le fruit d'héritages pluriséculaires, qui se sont stratifiés au fil des siècles. L'histoire de la production urbaine offre ainsi une relecture originale de l'histoire politique dans la région. En Asie du Sud-Est, l'urbanisation a été précoce et a pris des formes et des logiques de localisation différenciées dans le temps. Certaines villes ont connu un abandon radical au cours de l'histoire, venant ainsi stopper leur trajectoire de développement. Angkor en constitue l'un des exemples célèbres. L'imbrication entre éléments ruraux et modes d'aménagement plus proprement urbains participe également de la spécificité de la conception de la ville sud-est asiatique, longtemps dominée par l'usage de matériaux végétaux.

Les travaux de Denys Lombard décrivent deux modèles qui ont coexisté avant la colonisation. Le premier est celui des cités agraires, centres politiques et économiques de royaumes situés à l'intérieur des terres, au cœur de grandes plaines rizicoles. Leur puissance était fondée sur la maîtrise de l'irrigation et la production agricole afférente. Angkor au Cambodge, Pagan en Birmanie et Mojopahit en Indonésie en constituent les trois exemples les plus célèbres. À ce premier modèle, qui commence à décliner au tournant des XIIIe et XIVe siècles, sont ensuite venus s'articuler les comptoirs marchands, dont les logiques de localisation divergent : ces cités commerçantes sont des ports, fondant leur puissance sur les échanges maritimes hauturiers. À l'image de Malacca, Banten, Penang, Singapour ou Hoi An, elles fonctionnaient dans une logique de réseau transnational. Aux plans urbains souvent grandioses et codifiés des cités agraires, les comptoirs commerçants opposaient une structure moins organisée, centrée sur les quartiers portuaires, où se sont aussi précocement développés des quartiers de la diaspora chinoise.

La période coloniale constitue un important moment d'expansion urbaine et de transformations architecturales, dont le produit est encore très visible dans les villes contemporaines, avec des nuances propres à la trajectoire historique de chacune d'elles. Le "modèle sino-colonial" de la maison-compartiment (*shophouse*, ce terme anglais mettant bien en avant l'imbrication du logement et de lieu de commerce propre à ce modèle architectural) s'est alors épanoui dans toute la région, à commencer par les colonies hollandaises et britanniques, dans les villes de Malacca, Jakarta où Singapour. Les *chinatowns* connaissent d'importantes transformations et une forte expansion. La période coloniale voit s'épanouir des formes métissées de modernité, dans un contexte économique et social profondément inégalitaire qui laissa des traces bien après les décolonisations. Elle constitue une période de renforcement de la ségrégation ethnique dans les villes.

Dans certains pays, comme le Vietnam, le Laos ou le Cambodge, la période coloniale a cédé la place à une période marquée par l'économie socialiste qui s'est accompagnée de nouvelles mutations urbaines. Les régimes communistes ont prioritairement cherché à limiter le développement des villes – "l'urbicide" que connut Phnom Penh durant la période des Khmers Rouges en est la traduction la plus radicale – afin d'ancrer leur pouvoir dans le substrat rural et villageois des pays. Plusieurs moyens furent employés, comme la création du carnet de résidence vietnamien, qui interdit aux habitants des campagnes de quitter leurs villages. Cette mesure fut efficace puisqu'en 1975, seuls 12 % des Vietnamiens du Nord étaient urbains. Le désinvestissement relatif des villes par les régimes socialistes n'empêcha cependant pas la production de nouvelles formes architecturales largement empruntées au modèle soviétique, comme les immeubles collectifs. Cette typologie d'habitat s'inscrit en rupture avec le tissu urbain et les logements de la ville ancienne comme de la ville coloniale, dans une perspective moderniste.

Les trajectoires historiques des villes sud-est asiatiques sont marquées par une succession de ruptures politiques et militaires contribuant à imprimer des héritages différenciés dans la morphologie des villes. La mise en valeur du patrimoine urbain s'y pose donc aujourd'hui avec une acuité particulière et les questions mémorielles demeurent sources de tensions. Cette histoire témoigne aussi d'une insertion précoce des villes dans des réseaux internationaux : réseaux marchands tout d'abord, puis réseaux impériaux de la colonisation et réseaux de coopération du monde communiste dans les pays rattachés au bloc de l'Est.

Mutations métropolitaines : de la ville organique à l'urbanisme de projet

Dès la période des indépendances dans les pays fondateurs de l'Asean et, à partir de la fin des années 1980 dans les anciens pays socialistes, les villes sont considérées comme les moteurs du développement économique et jouent un rôle de pivot dans le processus d'industrialisation, puis de tertiarisation de l'économie. Leur croissance, alimentée par d'intenses migrations rurales – bien qu'inégales selon les pays –, s'accélère. Cette croissance est généralement portée par les métropoles (villes concentrant d'importantes fonctions de commandement) qui entrent dans "l'ère de la grande dimension" : d'une part elles connaissent une extension sans précédent de leur périmètre ; d'autre part, à l'échelle locale, l'urbanisme de projet remplace peu à peu le modèle ancien de la ville vernaculaire organique, avec la production de mégaprojets. Les ruelles cèdent la place à de grandes artères recalibrées, à des autoroutes intra-urbaines et des lignes de métro ou de monorail et le modèle d'habitat de la maison-compartiment individuelle est concurrencé par des tours de logements de plus en plus hautes et massives. La ville basse caractéristique de l'histoire urbaine sud-est asiatique se verticalise progressivement.

Ces mutations affectent en premier lieu les espaces hypercentraux des métropoles, pensés comme autant de vitrines nationales, notamment dans le cadre de leur mise en tourisme. Elles transforment aussi radicalement les espaces périphériques avec la multiplication de nouveaux quartiers et villes nouvelles, champs d'expérimentation privilégiés de l'urbanisme de projet, où des investisseurs – très majoritairement privés et souvent étrangers – développent de grands complexes immobiliers *ex nihilo* en convoquant des formes urbaines internationalisées : condominiums ou villas de style néoclassique, parfois dans des quartiers fermés (*gated communities*). Ce type de production s'accompagne de processus de spéculation foncière féroces. Par ailleurs, historiquement interdépendants, les centres urbains et leurs couronnes rurales entrent dans des logiques de concurrences accrues, notamment pour la terre, dont la gestion se libéralise.

Dans des métropoles toujours plus étendues et dont les centres demeurent extrêmement denses, la modernisation des réseaux de transports est devenue cruciale : la croissance des mobilités inter et intra-urbaines, couplée à l'accroissement exponentiel de la motorisation des ménages, contribue à faire de la saturation des réseaux urbains l'enjeu principal de la rénovation métropolitaine. Congestion, insécurité routière et pollution atmosphérique et sonore sont devenues extrêmement problématiques. De manière générale, les questions environnementales associées au développement métropolitain se font de plus en plus pressantes, comme la pollution – atmosphérique mais aussi des cours d'eau, des nappes phréatiques et des sols – ou les inondations chroniques de plus en plus dévastatrices, dans un contexte d'artificialisation considérablement accrue des sols et d'affaissement des deltas, dont Jakarta offre un exemple emblématique.

Des villes de plus en plus inégalitaires

Le développement métropolitain en Asie du Sud-Est est intimement lié à l'essor d'une classe moyenne régionale de plus en plus importante, au mode de vie internationalisé. Les mutations urbanistiques s'accompagnent ainsi de changements dans les pratiques citadines. Le processus de métropolisation demeure éminemment sélectif spatialement, mais aussi socialement et les inégalités socio-économiques sont de plus en plus marquées dans les villes. Parmi les populations les plus vulnérables figurent les migrants ruraux et les foyers n'ayant pas toujours de titre de propriété immobilière officiel, à la merci de procédures de déguerpissement sans compensation dans le cadre des opérations de planification urbaine.

Les vendeurs ambulants, au statut juridique et économique précaire, sont également de plus en plus menacés. Leur présence et leur visibilité dans les rues des grandes villes – au point d'être paradoxalement devenus un emblème touristique de l'urbanité sud-est asiatique – relèvent de la tolérance et de négociations aléatoires avec les autorités. Or, cet accord précaire est de plus en plus mis à mal. Dans ce contexte, les espaces publics cristallisent les tensions. Traditionnellement polyfonctionnels et très animés, les petits carrefours, les ruelles, les trottoirs et les parcs des métropoles sud-est asiatiques font l'objet de concurrences accrues entre les appropriations informelles et spontanées dont ils sont l'objet de la part des citadins et les nouvelles ambitions des autorités.

Des marges en mutation

Les marges montagneuses des États connaissent des recompositions territoriales très importantes en lien avec la progressive internationalisation des enjeux qui leur sont associés. Longtemps restés à l'écart de la modernisation économique et caractérisés par la présence de populations minoritaires, ces espaces connaissent aujourd'hui des transformations profondes.

La ruée vers les marges : de nouveaux enjeux économiques

Les marges montagneuses des États sud-est asiatiques sont historiquement des espaces périphériques : largement forestiers et peuplés de populations minoritaires vivant d'une agriculture vivrière, ces espaces sont longtemps demeurés peu intégrés aux systèmes économiques nationaux et régionaux. Cette réalité a cependant commencé à évoluer dans la période postindépendances où ces grandes régions – le territoire sud-est asiatique est pour moitié constitué de zones montagneuses de plus de 500 m d'altitude – ont commencé à être envisagées comme autant de réserves foncières disponibles pour mettre de nouvelles terres en cultures, dans un contexte de forte pression démographique dans les deltas. Le marché du bois s'est aussi considérablement développé et rapidement internationalisé. Mais ce sont les grandes plantations de cultures agricoles industrielles qui contribuent le plus aux recompositions de ces espaces. Accompagnée de vastes mouvements migratoires intranationaux – souvent organisé directement par les États et dont le plus connu est le grand programme des "transmigrations" indonésien –, la déforestation ne cesse de progresser au profit de plantations de caféiers au Vietnam, de plantation d'huile de palme en Malaisie et en Indonésie, mais aussi d'hévéas ou d'autres cultures industrielles vouées aux exportations. Outre les transformations paysagères de ces espaces, l'organisation des systèmes sociaux est également remise en cause, contribuant souvent à marginaliser encore davantage les populations minoritaires.

Longtemps considérées comme des régions hostiles, associées à des représentations négatives, les montagnes commencent aussi à être envisagées comme des paysages touristiques à valoriser. Cela passe par de vastes programmes de construction d'infrastructures (autoroutes et

Ville ancienne, ville nouvelle (Ho Chi Minh-Ville)
Vue sur le district péricentral de Bình Thạnh (sous-districts 21 et 22), Vietnam, 2017
© Marie Gibert-Flutre

même téléphériques) et par un développement immobilier intensif, porté par de grands groupes privés, afin de développer l'offre hôtelière.

L'ensemble de ces nouvelles activités économiques sont autant de leviers utilisés par les États pour accroître leur contrôle sur ces espaces de marges, potentiels théâtres de contestation pour des populations minoritaires qui se jouent historiquement de la notion de frontières nationales.

L'internationalisation de la question des marges

La question du contrôle et de la valorisation économique des régions montagneuses s'internationalise en lien avec les grands projets des "corridors de développement" qui se sont développés dès les années 1990 sous l'impulsion de la Banque asiatique de développement. Les objectifs de la création de ces zones transnationales de libre-échange sont multiples : favoriser l'intégration régionale par le financement et la construction de grandes infrastructures de transports transnationales et participer au développement économique des régions frontalières longtemps restées difficiles d'accès et à l'écart du "miracle asiatique". Aux infrastructures routières planifiées dans les années 1990 sont venus s'ajouter d'ambitieux projets ferroviaires, largement portés par des investisseurs étrangers chinois qui voient dans ces corridors sud-est asiatiques un cadre d'accueil favorable pour leur projet de nouvelles routes de la soie. En échange d'investissements massifs, les entreprises chinoises négocient des accès privilégiés au foncier pour promouvoir les cultures commerciales et accéder aux ressources naturelles en général. Le Laos est aujourd'hui un terrain d'expérimentation de ce type de pratiques, qui viennent bouleverser les régions rurales montagneuses du nord du pays.

Les populations minoritaires payent souvent le prix fort de ses transformations : largement exclues des nouvelles modalités de développement économique, elles perdent également l'accès à leurs terres et leurs modes de vie. La montagne comme lieu de refuge et de résistance, tel que l'anthropologue James Scott en formule l'hypothèse en forgeant la notion de "zomia" – qui désigne l'immense zone transnationale montagneuse où vivent la majorité des minorités ethniques en Asie du Sud-Est continentale et dans le sud de la Chine –, est devenue un eldorado économique porteur d'inégalités socioethniques de plus en plus importantes. Les travaux de la géographe Sarah Turner dans la région de Sapa dans le nord du Vietnam montrent que même les activités touristiques profitent très peu aux populations minoritaires, cantonnées à une exploitation de leur image par des agences de voyages gérées et financées depuis les régions majoritaires des plaines et deltas.

La mer, nouvel enjeu régional

Centre de gravité du trafic mondial conteneurisé, la mer est devenue un espace central en Asie du Sud-Est, ce qui se traduit autant par la montée des tensions régionales que de nouveaux modèles de coopération.

Les détroits et les ports : nœuds du développement régional

Près de 15 % du trafic mondial conteneurisé transitent aujourd'hui dans l'espace maritime sud-est asiatique, contre seulement 4,8 % en 1980. Singapour, Port Klang, Tanjung Pelapas (Malaisie) et Laem Chabang (Thaïlande), intégrés à un grand axe maritime méridien le long des côtes asiatiques du Pacifique, figurent dans le classement des vingt premiers ports mondiaux et s'articulent à d'autres systèmes portuaires majeurs via des détroits stratégiques (Malacca et Taïwan en particulier). Les échanges intra-Asean et entre Asie du Nord-Est et du Sud-Est sont les plus dynamiques et chaque grand port de transbordement (les hubs régionaux) fonctionne en étroite articulation avec les ports secondaires, dans un système de dépendance et de coopération. L'ensemble des pays de la région opère ainsi une progressive maritimisation de leur économie, ce qui se traduit par de nouveaux projets de développements portuaires et de grandes zones de production associées. C'est par exemple le cas en Birmanie, où les ports fluviaux sont trop peu profonds pour accueillir des porte-conteneurs de grande taille et où est planifiée la construction de nouveaux ports en eaux profondes, ouverts sur la mer d'Andaman et de l'Océan indien. Ces projets, qui bénéficient d'investissements de la part de la Chine, de l'Inde et d'autres pays de l'Asie du Sud-Est, traduisent bien la régionalisation de la question maritime et portuaire et l'enjeu que constitue pour chacun des États de la zone la capacité à bénéficier du dynamisme économique de l'axe maritime méridien sud-est asiatique.

Un espace conflictuel et de coopération

La centralité maritime de la région et l'internationalisation des problématiques afférentes participent de la montée des tensions autour du contrôle des mers. Une logique nationaliste, qui conduit chaque État à revendiquer sa souveraineté sur des ZEE ou des îlots contestés (notamment en mer de Chine méridionale autour des îles Paracels et Spratley), quitte à risquer des accrochages militaires, s'oppose aujourd'hui à des logiques de coopération au nom de la promotion de zones communes de développement (ZCD) et de la protection d'un environnement marin fragile. Les ZCD doivent permettre à des États côtiers d'explorer et d'exploiter en commun les ressources maritimes dans des zones de chevauchement des revendications territoriales. Elles sont donc un outil diplomatique autant qu'économique. La Chine et le Vietnam, par ailleurs en violemment opposés par leurs revendications respectives sur les îles Paracels et Spratley, ont ainsi initié une ZCD dans le golfe du Tonkin en 2000, avec une zone commune de pêche. Le golfe de Thaïlande offre un autre exemple de mises en place de ZCD. Les initiatives de gestion maritime commune au service d'une meilleure préservation des ressources environnementales sont également soutenues par des organisations internationales, qui lancent de nouveaux labels dans la région, comme les *Seascapes* (Grands Paysages marins) de l'organisation Conservation International, dont le Triangle de Corail, à la jonction entre l'océan Pacifique et l'océan Indien est un exemple emblématique. Six pays, Indonésie, Malaisie, Philippines, Timor-Leste, Papouasie-Nouvelle-Guinée et îles Salomon ont confirmé leur adhésion à cette initiative en mai 2009.

DEMAIN, QUELS ENJEUX POUR L'ASIE DU SUD-EST ?

Après des décennies de développement accéléré entre les années 1960 et 2000, auquel peu d'analystes de l'époque croyaient initialement, l'Asie du Sud-Est du XXIe siècle fait face à de nouveaux défis. Son modèle économique extraverti la lie intimement aux soubresauts du contexte mondial, comme l'ont déjà montré les effets de la crise financière de 2008 sur de nombreux programmes immobiliers locaux. Son positionnement vis-à-vis de la Chine est un élément déterminant pour son avenir, les nouvelles routes de la soie étant interprétées comme porteuses d'opportunités économiques ou au contraire comme un risque de perte de souveraineté vis-à-vis du grand voisin du nord. Les tensions en mer de Chine méridionale illustrent l'acuité de ces questions sur le plan géostratégique. La cohérence interne régionale, acquise peu à peu au fil des dernières décennies, est aujourd'hui menacée par la puissance chinoise, qui s'impose régionalement devant le Japon et les États-Unis et oriente de plus en plus directement les flux financiers en Asie du Sud-Est au service de ses propres besoins et intérêts.

Au sein même de la région, les défis écologiques et sociaux sont immenses. Ils se traduisent par un accroissement des inégalités à toutes les échelles d'analyse. L'Asie du Sud-Est constitue dès à présent l'un des grands théâtres mondiaux des effets du changement climatique, étant particulièrement exposée aux risques induits par la multiplication d'épisodes météorologiques extrêmes. Ces effets se produisent en outre dans des sociétés en proie à de nombreuses inégalités socioterritoriales, entre villes et campagnes, entre plaines et régions montagneuses, entre quartiers d'affaires et quartiers précaires. Les épisodes de catastrophes dites naturelles sont devenus de puissants révélateurs des inégalités socio-économiques. Le contexte politique est un autre facteur alarmant : l'autoritarisme, sous des formes diverses, progresse partout, au détriment des libertés publiques et de la capacité d'action des citoyens. La population sud-est asiatique a cependant fait montre de sa capacité d'adaptation et de résilience dans le passé et, au-delà des décennies du "miracle asiatique", c'est de son dynamisme que dépend l'avenir de la région.

Festival de Butanding dans l'aire protégée du Triangle de Corail où l'ONG WWF soutient un tourisme durable autour des requins-baleines, Donsol Bay, Philippines, 2010 © Stella Jürgen Freund/WWF

THÈMES ET DOCUMENTS

Industrialisation et littoralisation

En dépit de chronologies différentes, l'insertion dans la mondialisation des pays d'Asie du Sud-Est repose sur deux stratégies concomitantes : une libéralisation économique et une industrialisation tournée vers l'exportation. Ces processus ont eu pour corollaire un renforcement de la littoralisation de l'économie. Nouvelles zones industrielles et technopôles se concentrent en effet sur les littoraux, autour de grandes régions métropolitaines et portuaires. Les récentes extensions du développement métropolitain de Kuala Lumpur (Malaisie), qui articulent industrialisation d'exportation et littoralisation, en offrent un bon exemple.

La ville, dont le nom malais signifie "confluent envasé", doit sa naissance dans les années 1850 à la découverte d'importants gisements d'étain, alors exploités par des mineurs chinois. Elle devient la capitale de la Fédération des États malais à la fin du XIXe siècle, mais est dévastée pendant la Seconde Guerre mondiale avant d'être reconstruite. Les années 1980 marquent un tournant majeur dans le développement de la ville, appelée à porter les nouvelles ambitions économiques mondiales de la Malaisie. Mahathir Mohamad, Premier ministre de 1981 à 2003, demeure fortement associé à cette période de libéralisation économique et de modernisation de l'appareil productif du pays. Ancien homme fort de la Malaisie, il bénéficie d'une aura de "père du succès économique", ce qui explique son retour au pouvoir comme Premier ministre en 2018 à l'âge de 92 ans. En 1998, l'inauguration dans le centre des affaires des tours Pétronas – du nom du grand groupe pétrolier national –, les tours jumelles les plus hautes du monde avec leurs 452 mètres, vient symboliser l'entrée de Kuala Lumpur dans l'arène des grandes métropoles mondiales, même si la région fut durement frappée par la crise économique asiatique de la fin des années 1990.

Kuala Lumpur se trouve aujourd'hui au cœur d'une région métropolitaine de plus de huit millions d'habitants, structurée par deux grands corridors de développement. Au nord, la vallée de Klang, vaste corridor industriel et résidentiel d'environ 40 km, relie tout d'abord Kuala Lumpur à la côte, et plus particulièrement à Port Klang, aujourd'hui 12e port mondial dans le trafic de conteneurs et concurrent très sérieux du port de Singapour pour les activités de transbordement dans le détroit de Malacca. Ce port gère près de la moitié du commerce de conteneurs de la Malaisie, entretient des relations commerciales avec plus de 120 pays et traite avec plus de 500 autres ports dans le monde. La zone portuaire est doublée de grandes zones industrielles (spécialisées principalement dans la transformation de matières premières et l'industrie manufacturière) et d'une zone franche établie en 2004.

Les mutations les plus spectaculaires – y compris au sens de leur "mise en spectacle" – concernent le corridor sud, reliant Kuala Lumpur à son nouvel aéroport international (KLIA, inauguré en 1998) sur environ 50 kilomètres de long et 15 kilomètres de large. Ce corridor est connu sous le nom de "super corridor multimédia", projet lancé par le premier Ministre Mahathir Mohamad en 1996, autour de la production de parcs industriels de haute technologie. Deux villes nouvelles structurent ce corridor technopolitain : Cyberjaya, inaugurée en 2003, pensée pour être la "Silicon Valley malaisienne", pôle d'attraction d'entreprises nationales et internationales dans le domaine du numérique, et Putrajaya, nouvelle capitale administrative du pays. Cyberjaya accueille aujourd'hui les sièges sociaux régionaux d'entreprises mondiales comme Microsoft ou Nokia, mais aussi l'Université Multimédia. Cette université (privée), spécialisée dans le domaine des hautes technologies, est pensée pour entretenir avec Cyberjaya les mêmes relations que celles de l'Université de Stanford et la Silicon Valley. Putrajaya offre quant à elle un modèle de planification urbaine inédit dans le pays, avec l'un des plus grands lacs artificiels au monde et des bâtiments de pouvoir et religieux monumentaux. Elle cherche par ailleurs à incarner un modèle de "smart city" avec un modèle de gestion urbaine intégralement informatisée. Cette ville nouvelle a été soustraite au territoire de l'État de Sélagor. Enfin, le district de Sepang, au nord de l'aéroport international, accueille le circuit du Grand prix de Formule 1, symbole de la mondialisation culturelle et sportive de Kuala Lumpur.

Ces deux grands corridors sont structurés par de lourdes infrastructures de transports, autoroutes et voies ferrées assurant la liaison et l'articulation des différents pôles métropolitains. Le géographe anglais Tim Bunnel voit dans ces corridors technopolitains l'affirmation par la Malaisie de sa volonté d'intégration mondiale, mais aussi de sa quête indépendance sur le plan économique et technologique.

Les corridors de Kuala Lumpur

Les tours Petronas
Kuala Lumpur, Malaisie, 16 janvier 2013
© Dudva

Un complexe d'entreprises numériques à Cyberjaya
Vue de promotion immobilière, 2013
© MSC Cyberport

Putrajaya
Masjid Putra (la mosquée rose), Putra Jaya, Malaisie © R. M. Nunes/Shutterstock

Un porte-conteneurs à Port Klang
Malaisie, 8 avril 2019 © Frahman76 Photography/Getty images

Le super corridor multimédia

En dépit de la supposée nouveauté de cet "âge de l'information", le super corridor multimédia (MSC) constitue, pour l'essentiel, la poursuite des anciens objectifs et modes du développement économique et industriel national. On peut identifier deux objectifs quelque peu paradoxaux, l'intégration et l'indépendance. On trouve des précédents à la construction d'espaces urbains en réseau au service d'une connectivité globale dans d'autres tentatives conduites par l'État pour intégrer la nation dans l'économie globalisée, plus particulièrement par des infrastructures ou des incitations "douces" dans les zones de Libre-échange (FTZs). Les efforts pour devenir un producteur de technologie, sur le modèle de la Silicon Valley, plutôt qu'un importateur, résonnent avec la quête d'une indépendance technologique, qui a été un aspect du développement de l'État depuis le début des années 1970 au moins.

Sans surprise, on observe une continuité similaire dans les soubassements idéologiques au sens large des stratégies mises en œuvre pour atteindre ces objectifs – libéralisation et modernisation. En premier lieu, c'est la libéralisation associée à l'ère Mahathir qui a permis au MSC de s'étendre et qui l'a rendu possible. Les entreprises ayant un statut MSC ont reçu des garanties : embauche sans contrainte d'employés locaux et étrangers ; exemption des conditions de propriété locale ; liberté dans l'origine du capital et le recours à l'emprunt sur le marché mondial. En second lieu, le MSC illustre la persistance dans la croyance moderniste selon laquelle un aménagement urbain de grande échelle, piloté par l'État, peut orienter les transformations économiques et sociales dans des directions souhaitées. En tant que tel, le MSC est considéré comme une contribution à l'accomplissement de la "Vision 2020", l'objectif de long terme fixé par le premier ministre Mahathir de faire de la Malaisie un "pays pleinement développé".

Tim Bunnel, "Multimedia Utopia ? A Geographical Critique of High-Tech Development in Malaysia's Multimedia Super Corridor", *Antipode*, 34 (2), 2002.

De nouvelles échelles métropolitaines

Les nouvelles fonctions économiques et le développement industriel des métropoles d'Asie du Sud-Est conduisent à l'émergence de mégacités, dont l'emprise s'étend rapidement et de manière discontinue aux marges et au-delà de ses limites administratives. Les territoires du périurbain concentrent alors des formes hétérogènes (urbaines, rurales, industrielles, agricoles ou résidentielles) plus ou moins denses dans de grands corridors d'urbanisation, structurés par les axes de transport. Le géographe Terry McGee désigne ces modalités d'urbanisation sud-est asiatiques sous le nom de *desakota* (littéralement "village-ville" en indonésien).

La diffusion des activités industrielles dans la région métropolitaine de Surabaya, deuxième métropole indonésienne, dans le nord-est de l'île de Java, illustre les modalités d'organisation spatiale du *desakota* dans la région. L'internationalisation croissante de l'économie régionale a accéléré la transformation des espaces urbains comme ruraux le long d'un grand corridor d'urbanisation reliant la côte et les installations portuaires à l'intérieur de l'île. Le double processus de concentration et d'étalement des activités industrielles a ainsi contribué à former une vaste région métropolitaine, au sein de laquelle les relations d'interdépendance économiques et logistiques se complexifient entre les différents pôles. Cette région est organisée autour d'un axe méridien principal Gresik-Surabaya-Malang et de deux axes secondaires, en direction de Mojokerto à l'ouest et Gempol-Pasuruan à l'est. Dans un contexte d'expansion de l'industrie hors de Surabaya, la ville s'affirme de plus en plus comme un centre de services pour son arrière-pays, jadis agricole, mais aujourd'hui largement industriel. Ces fonctions sont visibles par la concentration à Surabaya des activités de services, notamment dans les transports et l'import-export, des secteurs de la finance, de l'assurance, de la promotion immobilière, qui se développent rapidement au côté des activités d'intermédiaires traditionnelles de l'importante communauté marchande de la ville. Selon la géographe Manuelle Franck (2010), "les dynamiques métropolitaines, qui se traduisent par le changement d'échelle de la ville et par l'émergence d'une région urbaine polycentrique, sont le résultat d'une articulation entre plusieurs logiques spatiales, endogènes et exogènes : l'ancrage régional de Surabaya lui procure les moyens de son internationalisation, laquelle s'appuie sur le relais des entrepreneurs et des capitaux locaux et utilise les infrastructures, routières, portuaires, aéroportuaires, développées au départ pour servir une zone d'influence d'échelle régionale et nationale".

Les documents cartographiques et photographiques de la région du Grand Hanoï réalisés par Clément Musil offrent un autre exemple d'urbanisation diffuse, en contexte métropolitain vietnamien. La carte recensant les "nouvelles zones urbaines" (*Khu Do Thi Moi, KDTM*) développées depuis 1994 en périphérie de Hanoï, achevées ou en projet, donne une idée de la mesure de la densification du bâti et de la diffusion spatiale des zones de production et de résidence dans les districts ruraux environnants, le long des grands axes routiers interurbains. Les projets de KDTM se comptent par centaines, même si certains n'aboutissent pas, les zones n'étant que partiellement construites ou parfois même à l'abandon, notamment quand elles sont éloignées de Hanoï. Ces nouvelles zones urbaines relèvent de "l'urbanisme de projet" (voir p. 24), planifiées et aménagées par de grands promoteurs privés. C'est le cas du mégaprojet immobilier de 264 ha "Splendora property An Khanh", construit entre 2003 et 2016 par une *joint-venture* vietnamo-sud-coréenne à 9 km à l'ouest de Hanoï, le long de l'autoroute Thang Long. Ce projet a été conçu pour accueillir 30 000 habitants, exclusivement dans des résidences et appartements de standing destinés à une population aisée. Les nouvelles zones urbaines symbolisent, aux yeux des autorités urbaines de Hanoï, l'entrée de la métropole et ses marges dans la "modernité".

La "rencontre de l'asphalte et de la rizière", comme l'illustre bien le front d'urbanisation sous forme de tours et de maisons-compartiments dans le district de Ha Dong, est souvent source de conflits, entre paysans expropriés et promoteurs, entre modes de vie villageois et arrivée de nouvelles populations urbaines. Ce développement urbain discontinu et accéléré pose également des défis environnementaux et en matière de politiques de transport.

Le desakota: une définition

La combinaison croissance économique/fortes densités rurales/étalement urbain a donné naissance à de vastes espaces mi-ruraux mi-urbains, des "régions métropolitaines étendues" théorisées sous l'appellation "desakota[1]", où "l'asphalte rencontre la rizière[2]". Jakarta est aujourd'hui Jabodetabek, voire Jabodetabekpunjur, une inflation de syllabes qui reflète une emprise croissante de l'espace urbanisé et des voies de communication qui l'accompagnent, croissance souvent mal maîtrisée, sujette à la spéculation dans un contexte de faiblesse de la gouvernance urbaine et de corruption répandue.

Yves Boquet, "Dynamiques urbaines en Asie du Sud-Est", *Bulletin de l'association de géographes français*, 91-4, 2014.

1. *Terry G. McGee, McGee, "The emergence of desakota regions in Asia: expanding a hypothesis", dans* The extended metropolis: Settlement transition in Asia, *3-25, 1991.*

2. *Manuelle Franck,* Quand la rizière rencontre l'asphalte. Semis urbain et processus d'urbanisation à Java-Est, *Paris, 1994.*

Le trafic routier à Java-Est

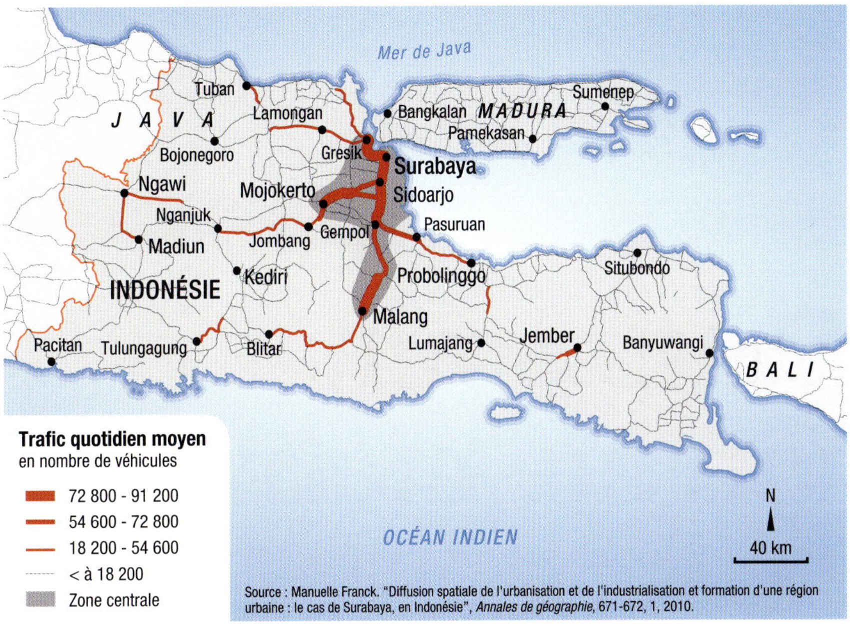

Source : Manuelle Franck, "Diffusion spatiale de l'urbanisation et de l'industrialisation et formation d'une région urbaine : le cas de Surabaya, en Indonésie", *Annales de géographie*, 671-672, 1, 2010.

Les zones urbaines nouvelles à Hanoï

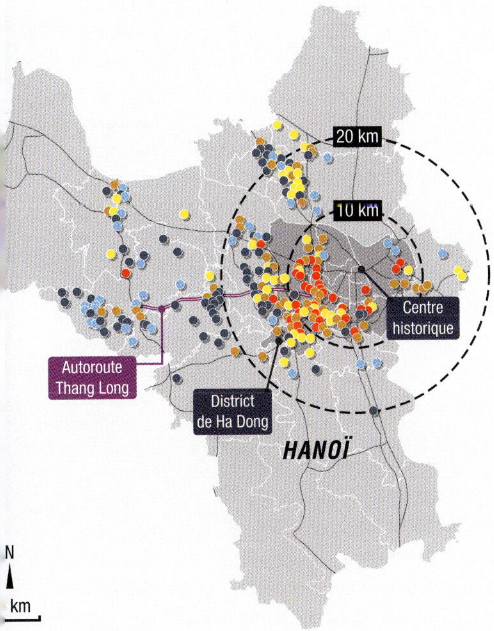

District rural
District urbain
Limite de district
Axe routier inter-urbain
Khu Do Thi Moi (KDTM, "Nouvelle Zone urbaine")

t d'avancement de la construction des KDTM depuis 1994

KDTM achevée
KDTM partiellement achevée
KDTM travaux engagés
KDTM non construite
KDTM non construite dont l'année d'approbation n'est pas attestée

e : Danielle Labbé et Clément Musil, "Les 'nouvelles zones urbaines' de Hanoi (Vietnam) : iques spatiales et enjeux territoriaux", *Mappemonde*, 2017, n° 122.

Le Splendora property Project à Hanoï

Vietnam © Clément Musil

Une zone urbaine nouvelle dans la périphérie de Hanoï

Ha Dong District, Hanoï, Vietnam © Clément Musil

ENJEUX URBAINS ET MÉTROPOLITAINS

Singapour, vitrine métropolitaine

"Ville globale" par excellence, Singapour fait figure d'exception dans la typologie urbaine d'Asie du Sud-Est. Par la multiplication de grands projets emblématiques, la cité-État de 5,6 millions d'habitants revendique explicitement son statut de modèle métropolitain régional et mondial. Sa localisation privilégiée le long du détroit de Malacca explique son ouverture volontariste au marché économique mondial dès son accession à l'indépendance dans les années 1960. Le port à conteneurs de Singapour figure parmi les tout premiers au monde depuis les années 1980, et l'aéroport de Changi, nouvelle vitrine de la cité-État, a été élu "meilleur aéroport du monde" pour la septième année consécutive aux World Airport Award en 2019. De pôle industriel et logistique, Singapour s'affirme aujourd'hui comme métropole financière, spécialisée dans la recherche de pointe. Cette montée en puissance s'incarne dans le perpétuel remodelage de son territoire.

L'extension du centre historique des affaires, avec l'adjonction du quartier financier de Marina Bay au début des années 2010, témoigne des ambitions nouvelles de la cité-État. Le premier *central business district* (CBD) de la métropole, localisé autour de Raffles Places, est visible sur la photographie ci-contre avec ses hautes tours à proximité immédiate de petites maisons-compartiments commerçantes et de bâtiments administratifs de la période coloniale britannique. Nombre de ces bâtiments de pouvoir coloniaux ont été transformés en musées de renommée régionale et mondiale (musée des civilisations asiatiques ou galerie nationale de Singapour, qui se présente comme "la plus grande collection d'art moderne sud-est asiatique au monde"). La page d'accueil du site Internet officiel de la puissante autorité de "re-développement" urbain de Singapour (Ura) s'est un temps ouverte sur l'invitation suivante, placée en surimpression sur une photographie panoramique des plus hautes tours du centre des affaires : *"Shaping a signature skyline : ever wondered how we use urban design to create a distinctive skyline ?"* ("Donner forme à une *skyline* reconnaissable entre toutes : vous êtes-vous déjà demandé comment nous utilisons l'aménagement urbain pour créer une *skyline* unique ?"). Ainsi, l'Ura positionne Singapour de manière on ne peut plus explicite en modèle urbanistique.

Les cartes établies par le géographe Rodolphe de Koninck (datées respectivement de 1837 et 2015) témoignent de l'importante extension du centre-ville sur plus de 20 hectares de terrains conquis sur la mer. Lors de l'établissement d'un port franc à Singapour par Thomas Stamford Raffles en 1819, le coeur politique et commerçant de la ville se situait à l'embouchure de la rivière Singapour. L'agencement urbain retenu se composait d'un rectangle situé entre le littoral et les collines, organisé par un réseau viaire en damier, sur le modèle adopté par les colonisateurs espagnols aux Philippines. Le plan prévoyait également une division socio-ethnique avec l'attribution de quartiers spécifiques aux différents groupes. Le premier centre des affaires métropolitain verticalisé s'est installé dans les années 1980 à l'ouest de ce rectangle historique, autour de la station de métro Raffles Place suite à une première opération de poldérisation. Le complexe de Marina Bay, inauguré en 2013, est venu doubler la surface de bureaux du centre d'affaires existant. L'icône architecturale en est incontestablement le Marina Bay Sands, complexe hôtelier 5 étoiles constitué de trois tours de 55 étages surmontées d'une terrasse d'un hectare en forme de navire, où se trouve la plus grande piscine à débordement surélevée du monde (150 mètres de long). Un musée d'art et de sciences en forme de lotus, un grand casino et une galerie commerciale de luxe accueillant un réseau de canaux pastichant une Venise orientale complètent le dispositif. L'opéra de l'Esplanade (ouvert en 2001) – en forme de durian, "roi des fruits" dans la culture régionale –, une grande roue (ouverte en 2008) et le nouveau complexe de plus de 100 hectares de jardins et de serres "Gardens by the Bay" (ouvert en 2012) participent également à ce remodelage spectaculaire du centre touristique et des affaires de la métropole.

Singapour conforte aujourd'hui son statut de métropole pourvoyeuse de modèles urbains innovants en mettant en scène ses initiatives de "smart city" dans le cadre du programme officiel "Smart Nation". Cette initiative promeut le recours aux outils numériques dans la production et la gestion quotidienne de la métropole et incarne bien la vision techniciste de l'urbanité des autorités. Celle-ci soulève néanmoins des interrogations quant aux usages potentiels des données au service d'un contrôle accru des citadins par les autorités. En dépit de son statut de vitrine régionale et mondiale, Singapour n'est pas exempte de fortes inégalités et de tensions sociales menaçant régulièrement l'ordre social et politique. Dans le contexte complexe d'une métropole multiethnique, la volonté de réaffirmer l'unité de la nation est alors clairement exprimée dans le slogan *"Many smart ideas, one smart nation"* ("Beaucoup d'idées intelligentes, une nation intelligente").

Le *central business district* (CBD) de Singapour

À gauche, les trois tours du complexe hôtelier de Marina Bay Sands © Molpix/Shutterstock

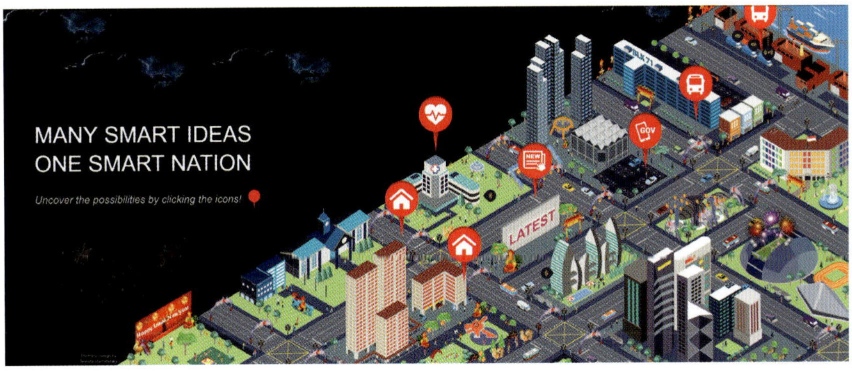

Une “smart Nation”

Page d'accueil du site www.smartnation.sg, 11 février 2017 © Smart Nation Singapore

Singapour en 1837 et 2015 : deux siècles de croissance urbaine

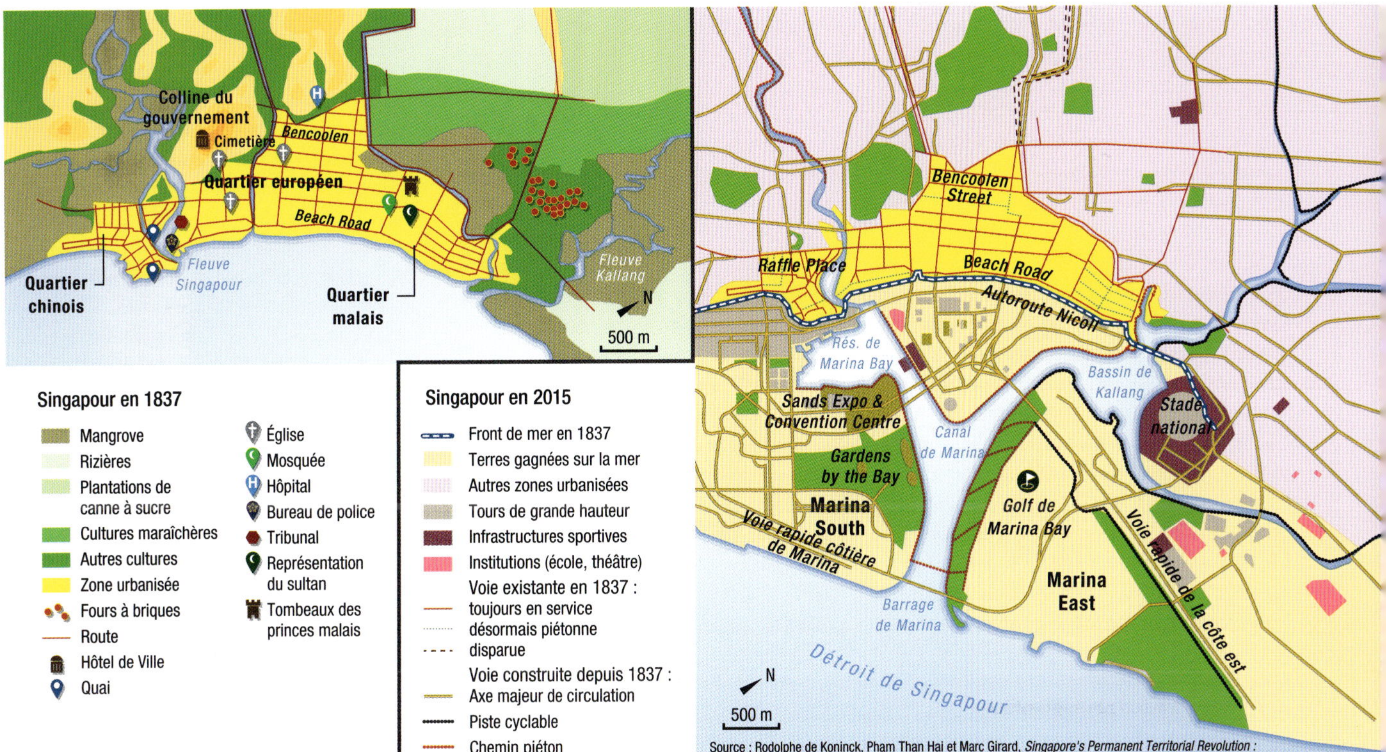

Source : Rodolphe de Koninck, Pham Than Hai et Marc Girard, *Singapore's Permanent Territorial Revolution : Fifty Years in Fifty Maps*, Singapour, NUS Press, 2017.

Des inégalités foncières grandissantes

L'exacerbation de la compétition pour les ressources foncières est une clef de lecture centrale des dynamiques urbaines en Asie du Sud-Est. Les valeurs foncières, souvent portées par la spéculation, connaissent des hausses très importantes dans les centres-villes denses, mais aussi en périphérie des métropoles, où se multiplient les grands projets immobiliers sous la forme de villes nouvelles. Généralement portés par de grands groupes privés, ces projets sont plébiscités par les autorités publiques comme leviers de modernisation urbaine et de valorisation foncière. L'urbanisme de projet dont relèvent ces programmes d'aménagement s'oppose à la ville organique ancienne. Ne répondant en rien aux besoins en logements accessibles à une population modeste, ces projets sélectifs sont générateurs de nouvelles inégalités foncières et donnent souvent lieu à des procédures d'éviction.

Le Cambodge contemporain est un cas d'école de la transformation et de la redistribution de la carte foncière, du bien collectif (étatique) au produit marchand. Le pays ne compte que 23 % d'urbains en raison de l'abolition de la propriété privée durant la période Khmers Rouges (1975-1979) et du véritable "urbicide" commis par ce régime qui a massivement déporté vers les campagnes les citadins, tenus pour des ennemis politiques. La propriété privée fut progressivement réintroduite dans la constitution de 1989, puis avec la loi foncière de 1992 et la nouvelle constitution de 1993, qui entérina le retour à une économie de marché. Les années 2000 ont marqué la fin de la période de transition foncière, qui permettait un accès à la propriété par occupation : les terrains non appropriés furent alors décrétés propriété de l'État. Cette mesure s'est accompagnée de l'apparition de nombreux occupants illégaux et de quartiers informels, en particulier le long des berges à Phnom Penh. Avec ses deux millions d'habitants, la capitale représente plus de la moitié de la population urbaine du pays et concentre un afflux de plus en plus important d'investissements privés (nationaux comme internationaux) dans le secteur de la production immobilière.

Par son emprise foncière, ses plans d'aménagement, son montage financier et son mode de gouvernance, le projet Grand Phnom Penh International City incarne la libéralisation économique du marché foncier urbain au Cambodge. Ce projet, dont la construction a démarré en 2006, occupe 260 ha dans la partie nord-ouest du district de Sen Sok à Phnom Penh et se situe à une quinzaine de minutes de l'aéroport international. Il combine la production d'appartements, de villas, mais aussi de bureaux et de locaux commerciaux, avec de grands équipements (hôtels, centres commerciaux, écoles internationales, hôpital privé, parc de loisirs, terrains de sport et parcours de golf). La communication officielle vante une "ville nouvelle internationale de classe mondiale". Le projet est le fruit d'une *joint-venture* entre le grand groupe indonésien Ciputra et le groupe cambodgien YLP. Ciputra s'est chargé du design du projet, de sa planification et de sa mise en œuvre, laissant à YLP la question de la gestion foncière en amont. Ce projet vient ainsi rejoindre la liste des "villes nouvelles" de Ciputra dans la région sud-est asiatique, et en reprend certains emblèmes (notamment le porche d'entrée monumental surmonté de statues de chevaux, également présent à Hanoï).

Dans ce contexte, l'accroissement des inégalités foncières procède de différents leviers : le jeu du marché, rendant impossible pour les populations les plus modestes l'achat d'un logement dans ces nouveaux projets ; les opérations de déguerpissement en amont de la mise en œuvre des projets, au cours desquels les occupants des terrains à bâtir sont déplacés ou chassés. Le projet Borei Keila – dont le nom désigne l'ancien village des athlètes, construit dans les années 1960 à proximité du stade olympique – illustre l'échec d'un projet pilote de partage foncier. Au début des années 2000, un millier de familles précaires vivaient sur les terrains ciblés par le projet. Le ministère des Sports et de la Jeunesse, qui en était officiellement propriétaire, désirait en reprendre le contrôle. En 2003, l'entreprise nationale de construction Phanimex s'est engagée à reloger les familles sur place, dans des petits complexes d'appartements, en échange de l'obtention de droits commerciaux exclusifs sur les 2,6 ha restant. Mais, à la fin du projet, en 2012, plus de 300 familles ne pouvant être relogées sur place par manque de logements disponibles ont été expulsées par la force, condamnées à rebâtir un autre logement, généralement informel, toujours plus loin. Les déguerpissements sont donc suivis de scènes où les expulsés cherchent à ramasser des matériaux de construction dans les débris pour limiter leur perte. Les compensations, quand elles existent, demeurent bien en deçà de la valeur acquise par le foncier réaménagé, ce qui provoque la colère des habitants, comme lors de manifestations publiques organisées en 2015 lors de la journée mondiale de l'habitat.

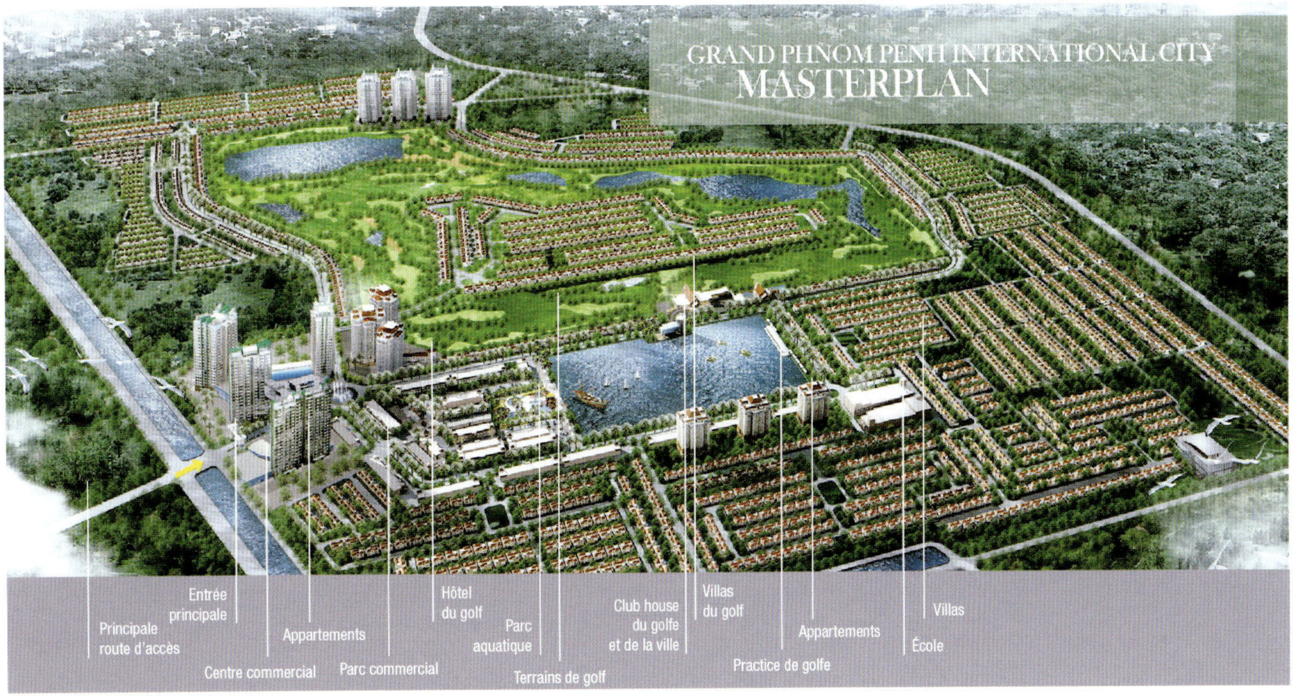

La Grand Phnom Penh International City de Ciputra (Cambodge)

Vue de promotion immobilière ; traduction de l'anglais : Documentation photographique © Ciputra

Les difficultés d'accès au logement pour les classes populaires

Des manifestants lors de la journée mondiale de l'habitat, Phnom Penh, Cambodge, 5 octobre 2015 © Radio Free Asia

Les évictions

Habitants expulsés de Borei Keila à Phnom Penh ramassant des matériaux de construction dans les débris d'immeubles rasés, Cambodge, janvier 2012 © Heng Chivoan/Phnom Penh Post

Ancien site d'habitat informel en chantier à Phnom Penh

Enfants jouant dans les ruines de leurs anciens logements, zone du lac Boeung Kak, Phnom Penh, 12 février 2012 © Jonas Gratzer/LightRocket/Getty Images

ENJEUX URBAINS ET MÉTROPOLITAINS

Le secteur économique informel

La présence foisonnante des vendeurs de rue demeure un élément central du paysage urbain sud-est asiatique. Parce qu'ils occupent des espaces publics, ceux-ci sont la face visible du secteur économique informel dans les économies nationales, ce secteur comptant également des emplois dans le bâtiment, les services, ou la production de biens manufacturés. On estime aujourd'hui que 75 % des emplois non agricoles au Vietnam relèvent de l'informel, 73 % aux Philippines et 60 % en Indonésie. La diminution de la part des emplois agricoles et la croissance urbaine alimentent aujourd'hui la hausse des emplois relevant de l'informel, même si ce phénomène est ancien. Les archives de la période coloniale recèlent déjà des projets de réglementation menaçant la pratique de la vente de rue dans la région. Dans les pays ayant engagé une transition d'une économie socialiste planifiée à l'économie de marché, les circuits solidement ancrés du commerce informel ont aussi facilité la formalisation d'une sphère économique privée.

Ce secteur économique, difficile à cerner et évaluer avec précision, s'imbrique avec le secteur formel : un emploi informel peut servir de complément à des revenus acquis dans un cadre formel tandis que, par ailleurs, il existe de nombreux emplois informels, c'est-à-dire non enregistrés, au sein même du secteur formel. La frontière entre légalité, acceptation et illégalité est ténue et changeante pour ce secteur économique que l'on peut qualifier "d'infralégal". L'activité de certains vendeurs, par exemple, n'est pas officiellement considérée en soi comme illégale, alors que l'occupation prolongée de certains espaces publics l'est.

Nombre de vendeurs ambulants habitent en périphérie des villes et se rendent quotidiennement dans les quartiers centraux pour y vendre des produits au détail. Ils participent alors d'une forme d'intégration urbaine en assurant des liens directs entre centre et périphérie. La diversité de leurs activités explique qu'ils sont souvent bien acceptés par la population, qui y voit une facilité d'accès aux services urbains. Ils sont également plébiscités par les touristes internationaux tant ils sont associés à la culture urbaine locale.

Les acteurs de ce secteur ne constituent pas un groupe homogène et présentent une hiérarchie sociale complexe. La capacité d'occupation d'un espace pérenne pour le déploiement de son activité économique est un élément discriminant entre vendeurs. Aux commerçants occupant un espace bien situé et passant – comme c'est le cas du restaurant de rue qui se déploie chaque jour sous les rails du métro aérien de Bangkok, et auquel sont associés des chauffeurs informels de mototaxi visibles en bas à droite de la photo ci-contre, – s'opposent les vendeurs contraints à une circulation perpétuelle pour vendre leurs produits, comme la vendeuse de fruits à vélo. Sécuriser l'occupation informelle d'un espace public nécessite des capacités de négociation – et souvent des transactions financières corruptives – avec les autorités locales, en échange de leur tolérance. Le secteur économique informel se déploie dans l'ensemble des interstices urbains disponibles et se recompose spatialement très rapidement, en fonction des opportunités ou en réaction à des formes de répression. L'informel demeure un secteur précaire, plaçant ses acteurs hors de la légalité.

Tremplins historiques pour la mise en forme d'une économie privée, les vendeurs de rue sont aujourd'hui considérés comme menaçants pour l'ordre public et font l'objet de mesures de répression. Les principaux arguments avancés par les autorités des différentes métropoles d'Asie du Sud-Est sont l'entrave à la circulation, les menaces pour l'hygiène publique, les déchets générés et le désordre urbain qui provoqueraient une dévaluation foncière et immobilière. Les interventions de la police conduisant à la confiscation des stands sont autant de démonstrations de force, mais demeurent généralement peu efficaces sur la durée. De nouvelles régulations prévoient parfois, comme c'est le cas à Ho Chi Minh-Ville, de formaliser la place maximum occupée par le commerce de rue sur les trottoirs, matérialisée par une ligne jaune à ne pas dépasser. Mais la photo de presse ci-contre témoigne du peu d'effets de cette régulation.

Les vendeurs de rue, parce qu'ils sont en mouvement ou occupent des espaces interstitiels, sont souvent absents des représentations cartographiques métropolitaines. Dans son ouvrage de cartographie critique *Sidewalk City*, Annette Kim cherche à rendre compte de leurs parcours sans cesse recomposés et de leur place centrale dans l'économie et l'identité locale à Ho Chi Minh-Ville. Sa carte narrative témoigne des longs trajets à pieds effectués par une vendeuse de rue au quotidien, des districts périphériques de l'est de Ho Chi Minh-Ville au district touristique n° 1, sur l'autre berge du fleuve Saigon où elle interagit avec des clients internationaux mais aussi avec des forces de l'ordre.

Un restaurant de rue sous le métro aérien à Bangkok
BTS Skytrain, Thaïlande, 2011
© Marie Gibert

Une vendeuse ambulante transportant une palanque
Vietnam, 1er décembre 2015 © Olivier Donnars

La réglementation du commerce ambulant
District de Phú Nhuan, Ho Chi Minh-Ville, mars 2017 © Huu Thuan

Le parcours de vendeurs ambulants à Ho Chi Minh-Ville
Carte extraite de Annette Miae Kim, *Sidewalk city. Remaping public space in Ho Chi Minh-City*, University of Chicago Press, 2015 © Annett Miae Kim

Les *shopping malls*

La multiplication des *shopping malls* dans les villes sud-est asiatiques est un important marqueur spatial de l'émergence des classes moyennes et de la diffusion de nouveaux modes de consommation mondialisés. Le terme anglophone de *mall* désigne un complexe commercial fermé, associant des boutiques et des espaces de restauration, de déambulation et de loisirs (cinéma, bowling, pratiques sportives). Il s'agit d'un espace intégré, plus complet que le centre commercial, lié à des pratiques de récréation et de sociabilité, tout autant que de commerce. Ces nouveaux produits immobiliers, émanant généralement de grands groupes privés, témoignent des recompositions contemporaines des pratiques citadines en Asie du Sud-Est.

La cité-État de Singapour est un précurseur régional dans l'adoption et la multiplication des *malls*, au point d'en faire des emblèmes de la ville et des laboratoires de la modernité architecturale dès les années 1970. Le premier ministre Goh Chok Tong a même pu déclarer lors d'un discours en 1996 que la vie des Singapouriens "ne serait pas complète sans le shopping". Contrairement aux premiers *malls*, implantés dans le périurbain lointain des villes nord-américaines dans les années 1970, ceux des métropoles asiatiques sont des marqueurs de la centralité métropolitaine. La célèbre artère Orchard Road, attraction touristique majeure de Singapour, aligne sur plus de deux kilomètres des dizaines de *malls* de différentes générations, souvent reliés entre eux par des voies souterraines ou par un jeu de passerelles aériennes. C'est la construction du grand magasin Tangs dans les années 1950 qui marqua le début de la spécialisation commerciale de cette artère, où a été ouvert en 2009 le célèbre Ion Orchard Mall et son emblématique façade multimédia de verre. Ce *mall* de dernière génération accueille une galerie d'art de plus de 500 m², traduisant la volonté de combiner expérience commerciale et artistique et de brouiller les limites entre les sphères de la consommation et de la culture.

Les *malls* sont une forme urbaine beaucoup plus récente dans les villes vietnamiennes, où ils incarnent l'intégration économique du pays aux flux de la mondialisation. Comme le montre le cas de Ho Chi Minh-Ville, cartographié ci-contre, les premiers *shopping malls*, construits à partir de 1995, se caractérisent par leur hypercentralité. Ils symbolisent l'entrée du pays dans la mondialisation et sont destinés à une clientèle aisée, principalement internationale et touristique. Mais les *malls* se sont surtout multipliés dans les années 2010, époque à laquelle leur logique de localisation a évolué. Aux *malls* de l'hypercentre se sont ajoutés des *malls* péricentraux, voire périphériques, relevant de deux logiques distinctes. Les *malls* des nouveaux quartiers et villes nouvelles issus de l'urbanisme de projet sont toujours associés à la recherche d'une clientèle aisée et émanent principalement de grands groupes immobiliers étrangers. D'autres *malls* au contraire font leur apparition en dans des districts populaires, d'où ils étaient jusque-là absents. Ils ciblent alors une clientèle locale et moins aisée. Dotés d'une architecture et d'aménagements beaucoup plus simples, ils sont presque tous le fait du grand groupe privé vietnamien Vingroup, dont le P.-D.G., Pham Nhât Vuong, est devenu en 2015 l'homme le plus riche du pays. Au-delà des boutiques, qui sont souvent confrontées à d'importantes difficultés économiques et qui peinent à fidéliser la clientèle, les *malls* vietnamiens connaissent un grand succès grâce à leurs espaces récréatifs : cinéma, bowling, photomaton en libre-service, espaces de jeux vidéo et de loisirs pour jeunes enfants. Le Vincom Mega Mall de Thảo Điền à Ho Chi Minh-Ville a par exemple hébergé la toute première patinoire de la ville, ce qui fit événement auprès de la population, qui investit principalement les *malls* comme des lieux de promenade climatisés aux décors photogéniques.

Au-delà de la rupture architecturale et des logiques de privatisation que ces *malls* impriment aux tissus urbains locaux – ils sont généralement dépourvus d'ouvertures sur l'extérieur et ont un fonctionnement en vase clos pour procurer une expérience de consommation "hors du temps" aux visiteurs –, leur fonction commerciale initiale est souvent détournée de multiples façons par les pratiques citadines locales. Les circulations des usagers contribuent à nourrir des formes de reconnexion territoriale entre les espaces privés des *malls* et les quartiers où ils sont implantés. Loin de disparaître, la culture de rue s'y trouve parfois recomposée et les espaces collectifs réinventés dans de nouveaux lieux, conduisant à recréer des liens d'interdépendance entre les sphères publique et privée.

Malls singapouriens et vietnamiens

Ion Orchad mall, Orchard Road, Singapour, 26 juin 2010 (à gauche) ; *shopping mall* Vincom Plaza Lê Văn Việt, district 9, Ho Chi Minh-Ville, 30 juillet 2017 (à droite) © Marie Gibert

Une patinoire dans un *shopping mall* Vincom au Vietnam

Vincom Mega Mall Thảo Điền, district 2, Ho Chi Minh-Ville, 17 janvier 2016 © Marie Gibert

Des visiteurs dans un Vincom

Shopping mall Vincom Plaza Lê Văn Việt, district 2, Ho Chi Minh-Ville, 30 juillet 2017 © Marie Gibert

Les *shopping malls* à Ho Chi Minh-Ville

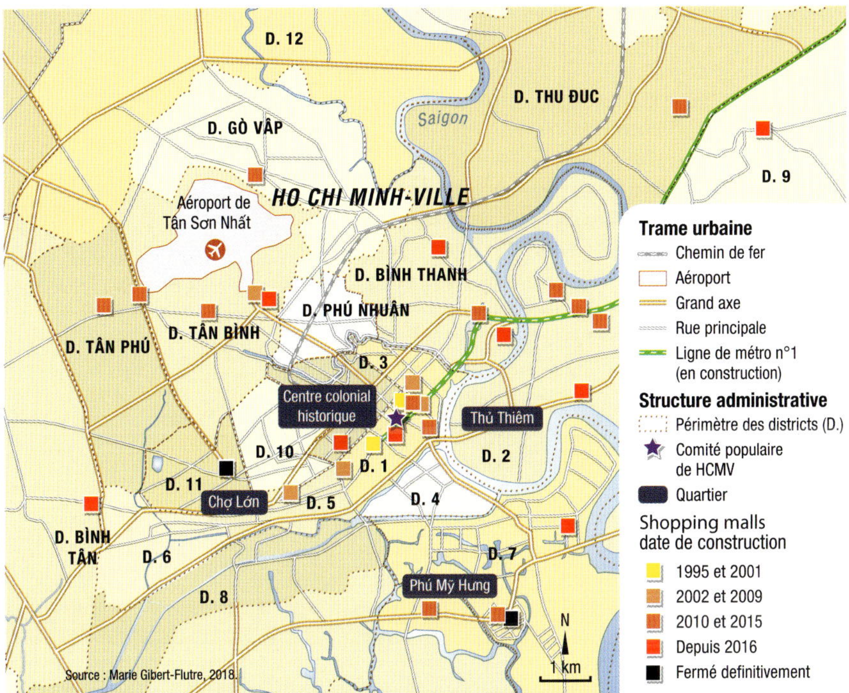

Les inondations en ville

L'Asie du Sud-Est est l'une des régions du monde les plus exposées aux aléas climatiques et aux risques afférents. Des épisodes d'inondation de plus en plus réguliers affectent la plupart des grandes métropoles de la région au point de poser sérieusement la question de leur pérennité.

La fréquence et l'intensité de ces inondations sont le fruit de différents facteurs cumulatifs : la localisation souvent littorale des métropoles régionales, parfois sous le niveau de la mer, la présence de nombreux canaux et rivières sur leur site, l'artificialisation non contrôlée des sols à un rythme extrêmement soutenu et, enfin, les phénomènes de subsidence. Au régime de mousson et aux phénomènes climatiques saisonniers extrêmes, comme les typhons, s'ajoutent aujourd'hui les effets du réchauffement climatique et de l'élévation du niveau de la mer. Les inondations sont alors le fruit conjoint du ruissellement durant les épisodes de fortes pluies, de submersions liées aux forts coefficients de marée et du débordement des eaux fluviales et des nappes phréatiques.

La région métropolitaine de Jakarta (Indonésie), forte de 30 millions d'habitants, est devenue un symbole de ce risque de plus en plus récurent. Les épisodes d'inondation s'y produisent plusieurs fois par an et touchent en premier lieu les quartiers bas du nord de la ville et les berges des rivières, où vit la population la plus précaire de la métropole, notamment le long de la rivière Ciliwung. Les experts environnementaux de la région projettent qu'au rythme actuel, un tiers de la superficie de la ville pourrait se trouver irrémédiablement sous les eaux d'ici 2050. Les habitants subissent régulièrement les dégâts engendrés par ces épisodes destructeurs, qui ont atteint une intensité particulière en 2013, touchant même le quartier de tours du centre des affaires et plusieurs *shopping malls*, pourtant symboles de sa modernisation contemporaine. La ville porte déjà les stigmates de la disparition de certains quartiers, désormais ennoyés.

Ville géante aux pieds d'argile, Jakarta s'affaisse chaque année un peu plus sous le niveau de la mer. Ce phénomène de subsidence est lié au pompage des nappes phréatiques et à une frénésie de construction d'immeubles de grande hauteur sur un site pourtant marécageux. Les parties littorales de la ville se trouvent désormais plus de 4 mètres sous le niveau de la mer et les projections cartographiques à horizon 2050 anticipent une subsidence plus profonde encore et généralisée à l'ensemble de la partie nord de la métropole.

L'ampleur des risques associés est telle que le gouvernement indonésien a officiellement annoncé en août 2019 le déplacement de la capitale politique du pays sur l'île de Bornéo, dans la province forestière de Kalimantan, à plus de 1300 kilomètres de Jakarta. Un aveu d'impuissance que le gouvernement justifie par un besoin de rééquilibrer les forces économiques du pays entre l'île centrale de Java et les îles plus périphériques. Quant à l'avenir de Jakarta, qui compte parmi les métropoles les plus peuplées d'Asie du Sud-Est, les solutions proposées demeurent principalement d'ordre technique et sont difficiles à mettre en œuvre en raison des coûts associés. Le projet de lutte anti-inondations "Grand Garuda" propose par exemple l'édification d'un système de mur côtier et de construction d'îles artificielles dans la baie de Jakarta qui fait face aux quartiers nord de la ville, afin de servir de tampon avec la mer de Java. Régulièrement invoqué, le projet, au coût colossal estimé à plus de 40 milliards de dollars, est sans cesse repoussé. Cette solution semble d'autant moins satisfaisante que les quelques digues déjà édifiées n'ont pas eu les effets escomptés et n'empêchent pas les inondations.

Phénomène climatique, les inondations sont également de puissants révélateurs des inégalités socio-économiques dans les métropoles de la région. Les quartiers précaires sont systématiquement les plus touchés et font souvent même les frais de politiques de lutte contre les inondations qui tendent à accentuer leur précarisation au bénéfice des quartiers d'affaires. Plus que jamais la grille de lecture de l'écologie politique est donc nécessaire pour saisir tous les enjeux des inondations urbaines, qui ne peuvent être réduites à des aspects techniques. En effet, les enjeux environnementaux ont une forte composante politique, les choix d'aménagement étant le fait des autorités métropolitaines.

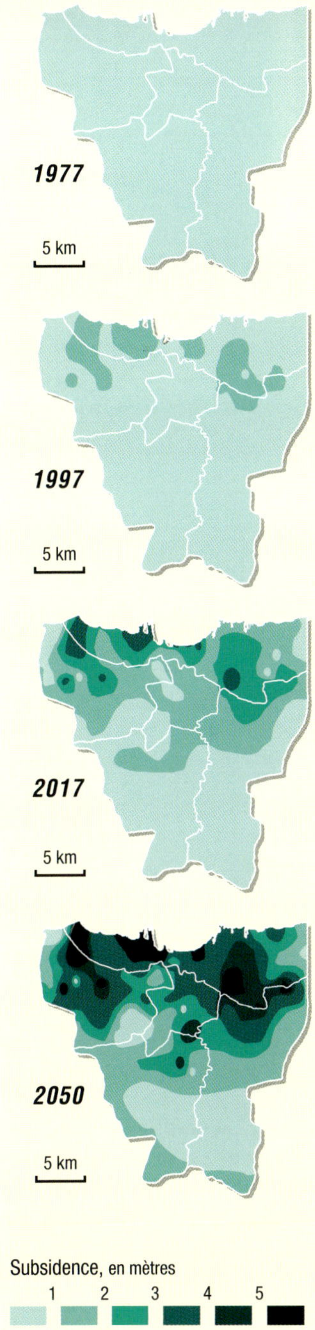

Source : Heri Andreas, Faculty of Earth Sciences and Technology, Bandung Institute of Technology, cité dans Mayuri Mei Lin et Rafki Hidayat, "Jakarta, the fastest-sinking city in the world", *BBC News*, 13 août 2018.

La subsidence à Jakarta : évolutions et perspectives

Les inondations de 2013 à Jakarta

Avenue inondée à Jakarta, Indonésie, 17 janvier 2013 © Xinhua/ZUMA/RÉA

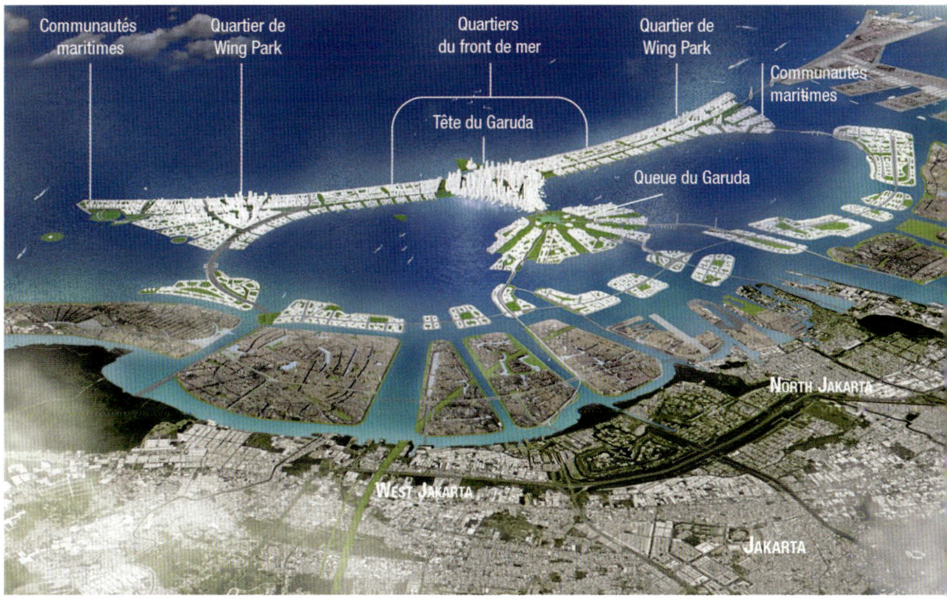

Le projet de lutte anti-inondation Grand Garuda

Vue du projet Grand Garuda du National Capital Integrated Coastal Development (NCICD), 2014 © The Guardian

Une capitale menacée

Jakarta se noie. Ses sols se dérobent sous le poids des constructions, ses fondations sont fragilisées par le pompage des nappes phréatiques et la mer monte. Autant de raisons, parmi d'autres, pour le gouvernement indonésien de changer de capitale.

Mais une grande partie des 10 millions d'habitants de Jakarta sont, eux, condamnés à rester au sein de la mégalopole engorgée et menacée. Au rythme actuel, un tiers de la ville pourrait se retrouver sous les eaux d'ici 2050, selon des experts environnementaux. (…)

Bâties sur des marécages, près du confluent de treize rivières, les fondations de la ville ont été encore fragilisées par un développement fulgurant, avec de nouveaux bâtiments et gratte-ciel, une circulation intense, et une mauvaise planification urbaine. De plus, les quartiers nord de Jakarta n'ont pas de réseau d'adduction d'eau, aussi les industries locales et des millions d'habitants puisent-elles dans les nappes phréatiques. En conséquence, Jakarta s'affaisse de 25 cm par an dans certaines zones, soit le double de la moyenne mondiale des grandes villes côtières.

Certaines parties de la ville se trouvent désormais à quatre mètres sous le niveau de la mer (…). Sur le front de mer, il ne reste que le squelette d'une mosquée abandonnée, en partie submergée. Les routes sont jonchées de vastes flaques d'eau, le rez-de-chaussée de plusieurs maisons n'est plus habitable, et de petites cabanes sur pilotis bordent le front de mer jonché d'ordures.

Les autorités locales cherchent désespérément des solutions pour Jakarta : un projet de construction d'îles artificielles dans la baie, qui servirait de tampon avec la mer de Java, et d'un vaste mur côtier a été approuvé. Mais il n'y a aucune garantie que le projet, estimé à 40 milliards de dollars, et qui a déjà des années de retard, résoudrait le problème. Des murs de béton ont déjà été édifiés dans le district de Rasdi, et d'autres quartiers à haut risque. Mais l'eau s'y infiltre déjà, se répandant dans le labyrinthe de ruelles étroites et les masures des quartiers les plus pauvres.

"Indonésie : bientôt 'ancienne' capitale, Jakarta s'enfonce sous les eaux", AFP, cité par *Courrier international*, 16 août 2019.

Des forêts aux plantations

Avec ses forêts primaires tropicales, l'Asie du Sud-Est compte parmi les zones biogéographiques les plus riches du monde : la moitié des espèces de végétaux y est représentée. L'Indonésie occupe une place particulièrement importante dans la région puisqu'elle concentre encore à ce jour environ 80 % des dernières forêts tropicales primaires d'Asie du Sud-Est, principalement sur les îles de Bornéo, de Sumatra et de Nouvelle-Guinée. Cependant, la diminution du couvert forestier de la région, entamée dès l'époque coloniale, s'est fortement accélérée dans les dernières décennies en lien avec la mondialisation des économies nationales. En Indonésie, alors que la forêt recouvrait encore 61 % du territoire en 1990, ce chiffre est tombé à 44 % en 2016. La partie insulaire de l'Asie du Sud-Est a enregistré les plus forts taux de déforestation de la zone tropicale humide depuis 1990.

Au-delà de leur dimension biogéographique, les forêts sont associées à différents enjeux socio-économiques. Longtemps considérées comme des marges territoriales, les forêts sont aussi les lieux de vie privilégiés des minorités ethniques, qui y pratiquent une agriculture extensive et itinérante sur brûlis. La période coloniale a marqué un tournant dans la volonté de mieux contrôler ces régions de marge et de les valoriser économiquement. Les forêts commencent alors à être exploitées pour le commerce des produits ligneux et à être envisagées comme autant de réservoirs de terres agricoles, permettant le développement de grandes cultures d'exportation. Dans les périodes postcoloniales, l'intensification de l'intégration des territoires forestiers au réseau de commerce nationaux et internationaux s'est accompagnée de politiques migratoires, encourageant – et même parfois contraignant – les populations des zones côtières et des grandes zones urbaines à s'implanter dans les marges forestières. Ces politiques ont contribué à transformer les paysages forestiers en zones de fronts pionniers et à déstructurer les modes d'organisation sociospatiale des populations locales.

En Indonésie, l'industrie papetière a également été fortement soutenue dans les années 1980 et 1990 par le plan forestier du gouvernement pour le "développement de la plantation industrielle d'arbres et de l'industrie de la pâte". À Jambi, sur l'île de Sumatra, se trouve par exemple l'une des plus grandes usines de pâte à papier du monde. De plus, l'exploitation illégale et non contrôlée du bois, venue s'ajouter aux coupes commerciales de grandes entreprises multinationales, atteindrait les trois quarts de la production de bois et de produits dérivés du pays.

Cependant, la principale menace pesant aujourd'hui sur l'avenir de la forêt primaire en Indonésie comme en Malaisie est l'extension des plantations de palmiers à huile, notamment à Bornéo. L'île de Bornéo est partagée entre trois États : 73 % de sa surface est détenue par l'Indonésie (Kalimantan), 26 % par la Malaisie (États de Sabah et Sarawak) et 1 % par le sultanat de Brunei. Elle est devenue un symbole mondial de la déforestation au profit de plantations d'huile de palme. Cette huile est commercialisée sur les marchés mondiaux comme produit alimentaire, base de cosmétique ou encore comme biocarburant. L'attrait pour l'huile de palme s'explique principalement par des rendements moyens particulièrement élevés, près de 4000 kg par hectare alors que ceux du colza, par exemple, ne sont que de 1000 kg environ par hectare. Près de 90 % de l'huile de palme mondiale provient aujourd'hui des plantations qui se substituent aux forêts en Indonésie et en Malaisie, en particulier à Bornéo. L'île aurait ainsi perdu 30 % de son couvert forestier depuis 1973. Alors qu'elle ne représente que 1 % des terres émergées, Bornéo concentre environ 6 % de la biodiversité mondiale. L'orang-outan, espèce sauvage endémique de l'île, est devenu un symbole de cette biodiversité en sursis. L'espèce est menacée par la perte de son habitat naturel et par la cohabitation avec l'homme. Sa population a déjà baissé de 25 % entre 2005 et 2015. Les orangs-outans de Bornéo figurent aujourd'hui sur la liste rouge de l'Union internationale pour la conservation de la nature (UICN) en tant qu'espèce en danger critique d'extinction.

Le développement des plantations d'huile de palme s'accompagne également de la transformation profonde des systèmes fonciers et de nombreux conflits d'usages impliquant des acteurs locaux, régionaux et internationaux. La propriété du sol et les droits d'usages sur les espaces forestiers sont fortement contestés alors que les cultures commerciales remplacent les exploitations familiales.

Le recul de la forêt à Bornéo

Défrichement dans une plantation d'huile de palme, État de Sarawak, Bornéo, Malaisie
28 février 2008 © Matthias Klum/Nat Geo image collection

Les orangs-outans menacés

Environ la moitié des produits que l'on trouve en supermarchés contiennent de l'huile de palme. Près de 90 % de l'huile de palme provient des plantations qui supplantent les forêts en Indonésie et en Malaisie. Et si les industriels de l'agroalimentaire se sont engagés à réduire la déforestation dans ces régions du monde, la destruction des habitats naturels reste très peu surveillée.

Déforester pour installer des plantations d'huile de palme décime les habitats des orangs-outans et les force à rentrer en contact plus souvent avec les hommes. Privés des ressources naturelles en fruits, feuilles et pousses, les orangs-outans affamés se replient sur les jeunes pousses de palmiers à huile, ce qui les met en danger direct, les agriculteurs gardant jalousement ces plantations. D'autres orangs-outans, les plus jeunes en particulier, rendus orphelins par les chasseurs ou par les agriculteurs, sont également chassés pour être vendus sur le marché noir.

Ces diverses menaces pèsent tout particulièrement sur une espèce animale par nature timide, qui met plusieurs années à arriver à maturité et dont les femelles ne mettent bas qu'une fois tous les huit ans. L'Union internationale pour la conservation de la nature projette que d'ici 2025, les populations d'orangs-outans auront décliné de 82 % en 75 ans. Pour un orang-outan, c'est seulement trois générations.

Le photographe Jayaprakash Joghee Bojan, grand prix de la photo naturaliste du *National Geographic* 2017, est particulièrement sensible à cet état de fait. “Quand vous survolez la région, vous ne pouvez littéralement rien voir d'autre que des plantations d'huile de palme” dit-il. Et bien qu'il reconnaisse la complexité de la situation - les plantations fournissent du travail et ont permis à la région de connaître une croissance économique sans précédent - il insiste sur le besoin de sauver les orangs-outans. (...)

Si des mesures internationales devraient être mises en place pour lutter efficacement contre ce problème, des petits groupes comme celui des guides écotouristiques ont déjà commencé à sensibiliser les cultivateurs sur l'importance de conserver l'habitat naturel de la faune sauvage. Les groupes utilisent même une partie de leurs ressources pour acheter des terrains, s'assurant ainsi qu'ils ne seront pas transformés en plantations.

Rachel Brown, “Indonésie : l'huile de palme condamne les orangs-outans à l'extinction”, *National Geographic*. 12 décembre 2017.

Déforestation et essor de l'huile de palme à Bornéo

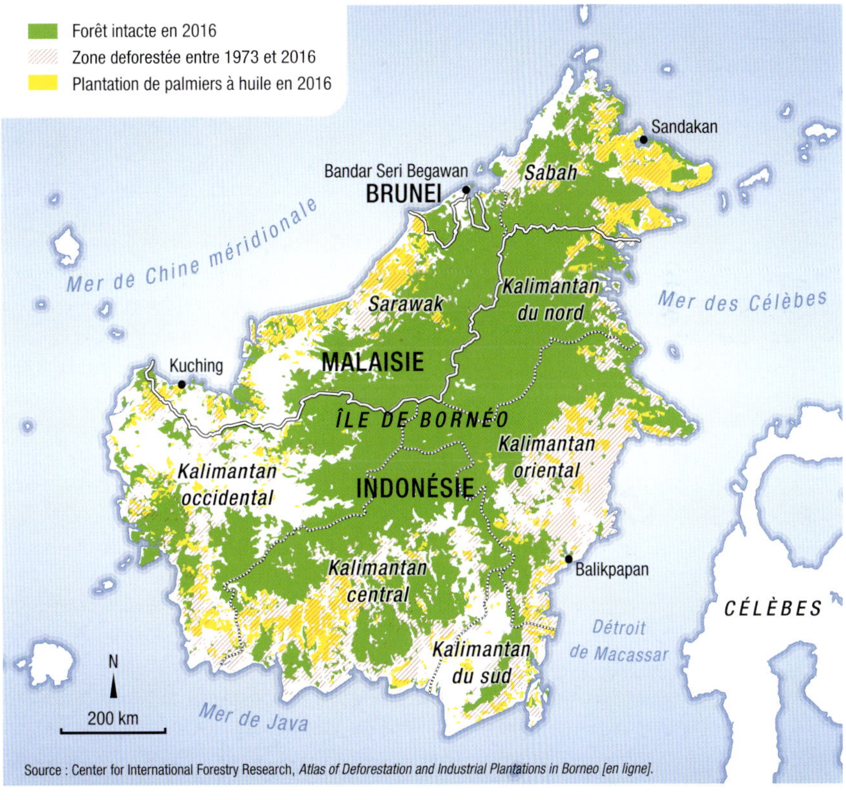

Source : Center for International Forestry Research, *Atlas of Deforestation and Industrial Plantations in Borneo [en ligne]*.

Le bassin du Mékong et les projets de barrage

Depuis sa source dans les hauteurs himalayennes de la Chine, le Mékong serpente sur environ 4 500 kilomètres à travers l'Asie du Sud-Est. Ce fleuve transnational, qui bénéficie depuis 1995 de l'organe international consultatif de la Commission du Mékong (et auparavant du "Comité du Mékong" créé en 1957), marque certaines frontières de la Birmanie, du Laos et de la Thaïlande. Il irrigue largement le territoire laotien, avant que ne se forment les premiers bras de son delta dans la plaine cambodgienne. Il se prolonge au Vietnam, où il est appelé "le fleuve des neuf dragons" en référence au nombre de ses bras, et se jette en mer de Chine méridionale.

Environ vingt millions de personnes vivent aujourd'hui dans les douze provinces vietnamiennes du delta du Mékong. Trois quarts d'entre elles sont engagés dans des activités agricoles. Façonné par de nombreux canaux, digues, vannes, barrages et écluses, le delta est devenu l'un des environnements agricoles les plus productifs au monde, avec deux à trois récoltes de riz par an et environ 25 millions de tonnes de céréales produites. Au Vietnam, le delta du Mékong représente 50 % de la production nationale de riz et 95 % de ses exportations, 70 % des fruits, 65 % de l'aquaculture. Cependant une combinaison de facteurs environnementaux vient aujourd'hui compromettre l'avenir de ce "grenier à riz".

La salinisation des terres est devenue un enjeu majeur. Comme en témoigne le roman de Marguerite Duras *Un barrage contre le Pacifique*, dont l'action est située dans les années 1930, le sel a toujours fait partie de cet écosystème entre mer et plaine, l'altitude du delta oscillant entre un et deux mètres. Cependant, le taux de salinité est devenu incontrôlable une grande partie de l'année sur une part toujours plus importante des terres. Cette salinisation multifactorielle s'explique par la combinaison de la hausse progressive du niveau de la mer, de l'intensification des sécheresses affectant les affluents du Mékong et de la multiplication des barrages en amont du cours du fleuve qui en réduisent irrémédiablement le débit. Durant la sécheresse de janvier 2016, accentuée par le phénomène El Niño, le fleuve a atteint son niveau le plus bas depuis 1926 et la moitié des 2,2 millions de terres arables ont été touchées par un afflux d'eau salée qui a détruit les récoltes et contaminé les sources potables. Un phénomène critique d'affaissement des terres s'ajoute à ces aléas climatiques, en lien avec un pompage massif de l'eau douce, destinée à l'irrigation et aux exploitations piscicoles et crevettières. Le delta s'enfonce ainsi d'un à quatre centimètres par an.

La construction de dizaines de barrages hydroélectriques sur le tracé du fleuve attise les tensions entre les pays riverains, notamment depuis l'annonce de la construction de onze grands ouvrages sur la partie basse du Mékong. Les barrages sur le segment chinois du fleuve ont déjà réduit de 50 % le flux de sédiments vers la partie basse du Mékong, dont le volume est passé de 160 millions de tonnes en 1992 à seulement 75 millions en 2014. Si les barrages prévus sont construits, la baisse de l'apport en sédiments dans le delta du Mékong pourrait atteindre 94 %. Deux récents accidents sur des barrages en Asie du Sud-Est ont par ailleurs confirmé les risques que représentent ces grandes infrastructures, largement financées par des prêts de la Banque mondiale, de la Thaïlande et, surtout, de la Chine qui investit de plus en plus dans des projets de ce type à l'échelle régionale. Face à cela, les préconisations de la Commission du Mékong – instance uniquement consultative à laquelle n'adhèrent pas la Chine et la Birmanie, les deux États les plus en amont du fleuve – sont demeurées lettre morte. Le Laos en particulier, seul pays enclavé de la région, mise sur son fort potentiel naturel pour devenir la "batterie de l'Asie du Sud-Est" et faire de l'hydroélectricité sa principale source de revenus d'ici 2025.

Dans ce contexte, les agriculteurs du delta cherchent à adapter leurs pratiques agricoles. Nombreux sont ceux qui abandonnent la riziculture pour la pisciculture ou l'élevage de crevettes, plus adaptés à l'eau salée. Mais l'utilisation massive de produits chimiques dans ces élevages soulève la question de la pollution des cours d'eau. La production locale de poulets s'est également industrialisée avec le recours aux batteries. De nombreux agriculteurs du delta se sont alors tournés vers l'élevage de canards qui requiert de vastes étendues de terres ouvertes. Ces adaptations agricoles n'empêchent pas l'essor des migrations urbaines, en particulier vers Ho Chi Minh-Ville.

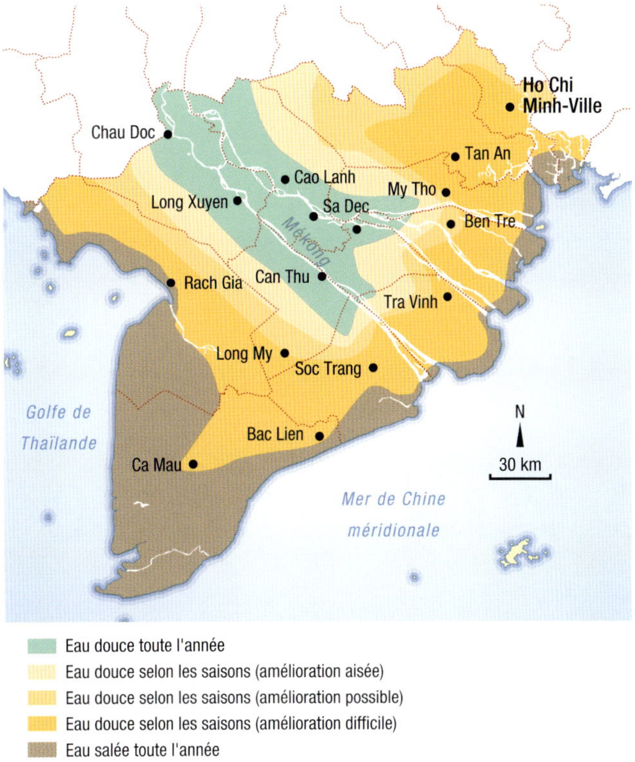

Source : Thuy T.H. Nguyen et Andrew Ford, "Learning from the Neighbors: Economic and Environmental Impacts from Intensive Shrimp Farming in the Mekong Delta of Vietnam", dans *Sustainability*, 2 (7), juillet 2010.

La salinisation du delta au Vietnam

Source : Hugues Tertrais, *Atlas de l'Asie du Sud-Est. Les enjeux de la croissance*, Paris, Autrement, 2019.

Le bassin du Mékong et les projets de barrage

Un barrage pour protéger des terres arables

Dès la première année elle mit en culture la moitié de la concession. Elle espérait que cette première récolte suffirait à la dédommager en grande partie des frais de construction du bungalow. Mais la marée de juillet monta à l'assaut de la plaine et noya la récolte. Croyant qu'elle n'avait été victime que d'une marée particulièrement forte, et malgré les gens de la plaine qui tentaient de l'en dissuader, l'année d'après la mère recommença. La mer monta encore. Alors elle dut se rendre à la réalité : sa concession était incultivable. Elle était annuellement envahie par la mer. Il est vrai que la mer ne montait pas à la même hauteur chaque année. Mais elle montait toujours suffisamment pour brûler tout, directement ou par infiltration. Exception faite des cinq hectares qui donnaient sur la piste, et au milieu desquels elle avait fait bâtir son bungalow, elle avait jeté ses économies de dix ans dans les vagues du Pacifique. (…)

La saison des pluies était arrivée. La mère avait fait de très grands semis près du bungalow. Les mêmes hommes qui avaient construit les barrages étaient venus faire le repiquage du paddy dans le grand quadrilatère fermé par les branches des barrages.

Deux mois avaient passé. La mère descendait souvent pour voir verdir les jeunes plants. Ça commençait toujours par pousser jusqu'à la grande marée de juillet.

Puis, en juillet, la mer était montée comme d'habitude à l'assaut de la plaine. Les barrages n'étaient pas assez puissants. Ils avaient été rongés par les crabes nains des rizières. En une nuit, ils s'effondrèrent.

Les familles que la mère avait installées dans son village de guet étaient parties avec les jonques, les vivres, vers une autre partie de la côte. Les paysans des villages limitrophes de la concession étaient retournés à leurs villages. Personne n'en avait voulu à la mère.

L'année suivante, la petite partie des barrages qui avait tenu s'était à son tour écroulée.

Marguerite Duras, *Un barrage contre le Pacifique*, Gallimard, Paris, 1950.

Un élevage de canards dans le delta

Can Tho, Vietnam, 27 juillet 2018 © Luke Duggleby/RÉA

Les sociétés face au risque volcanique

L'Asie du Sud-Est se situe dans une zone de convergence tectonique active et sa partie insulaire cumule volcanisme actif et séismes fréquents, éléments typiques des zones de subduction. La région couvre l'extrémité occidentale de la ceinture de feu du Pacifique, nom donné à l'arc volcanique de 40 000 km qui borde cet océan. L'activité volcanique contemporaine concerne essentiellement l'Indonésie et les Philippines, où se concentre le plus grand nombre de volcans, le long de l'arc de la Sonde qui s'étend sur 3 000 km du nord de Sumatra jusqu'à l'archipel des Moluques, et sur l'ensemble du territoire philippin.

Le centre indonésien de vulcanologie et de prévention des risques recense 129 volcans, dont 108 sont considérés comme actifs et 79 ont connu des éruptions importantes au cours des 400 dernières années. Depuis le début des années 1980, ces éruptions ont engendré le déplacement de plus de 150 000 Indonésiens. L'archipel des Philippines compte quant à lui 53 volcans, dont une vingtaine est considérée comme actifs. Les volcans sont vus comme autant de menaces potentielles pour les sociétés locales, mais également comme des atouts pour la fertilité des sols qu'ils engendrent. Ils sont environnés de zones de peuplement denses qui s'étendent parfois même jusque sur leurs flancs, en raison du développement de l'agriculture qu'ils favorisent. À Java et Bali, les densités rurales atteignent ainsi 1 000 habitants au kilomètre carré.

La région garde la mémoire de grandes catastrophes volcaniques au coût humain très élevé et affine depuis lors ses dispositifs de prévision et ses opérations d'évacuation préventives. Aux Philippines, l'éruption du Pinatubo en juin 1991, après six siècles de sommeil, est venue s'ajouter à une longue liste d'éruptions meurtrières dans le pays, comme celle du Taal, également localisé sur l'île de Luçon, qui fit 1 300 morts en 1911. L'éruption du Pinatubo, strato-volcan conique, a commencé par des crises sismiques, suivies d'éruptions phréatiques puis plinienne et de violentes explosions. Celles-ci provoquèrent un panache éruptif de 35 kilomètres d'altitude qui déversa ses cendres jusque sur Manille, située à cent kilomètres au sud-est du Pinatubo. Les éruptions de strato-volcans n'entraînent pas de laves mais de fortes explosions accompagnées d'immenses nuages de cendres, puis des lahars, terme d'origine indonésienne qui désigne des coulées de boues composées de débris de roches et de cendres volcaniques. L'éruption du Pinatubo fut la deuxième éruption explosive la plus violente du XXe siècle. Les explosions ont émis 17 millions de tonnes de dioxyde de soufre dans l'atmosphère, ce qui a provoqué un refroidissement global de la planète d'environ 0,5 degré entre 1991 et 1993.

Avant l'éruption, le volcan était recouvert d'une épaisse forêt tropicale et habité par des milliers de personnes, notamment des membres de l'ethnie Aeta. Ces derniers ont été contraints de quitter leurs terres pour se réfugier dans les zones urbaines où leur situation est restée très précaire. Plus encore que les explosions meurtrières, la formation de lahars pendant les années qui suivent l'éruption est particulièrement menaçante et dévastatrice pour les sociétés vivant à proximité des pentes du volcan. Si les évacuations préventives de dizaines de milliers de personnes ont permis de limiter le nombre des victimes directes de l'éruption du Pinatubo, qui reste néanmoins estimé entre 500 et 1 000 personnes, celle-ci a durablement affecté l'économie de Luçon, détruisant des villes entières et leurs infrastructures et rendant impropres à la culture des zones agricoles auparavant fertiles après avoir détruit l'intégralité des récoltes de l'année 1991. La base aérienne américaine de Clark, fortement touchée, a été définitivement fermée après le drame. Celle de Subic a en revanche été remise en état. Depuis la fin des années 1990, le Pinatubo fait l'objet d'une mise en tourisme encadrée, sous la forme de randonnées vers la caldeira et son lac de cratère.

À Bali, le réveil en 2017 du volcan Agung, point culminant de l'île avec ses 3 000 mètres, est venu rappeler l'importance de la menace volcanique dans la région et ses effets déstructurants sur l'économie locale. La dernière éruption de ce strato-volcan avait causé la mort de 1 600 personnes en 1963 et rejeté un milliard de tonnes de débris dans l'atmosphère, jusqu'à Jakarta, pourtant située à un millier de kilomètres. Le bas des pentes du volcan reste aujourd'hui densément peuplé et cultivé. Le réveil de ce volcan explosif dans un haut lieu du tourisme international a fait la une de l'actualité avec la fermeture préventive de l'aéroport international de Denpasar à l'automne 2017, puis de nouveau en juin 2018, où il a entraîné l'annulation de près de 450 vols et le blocage de quelque 75 000 passagers indonésiens et internationaux.

Pont effondré par un lahar après l'éruption du mont Pinatubo de 1991
Philippines, juin 1991 © USGS

L'éruption du mont Pinatubo aux Philippines en 1991

Bali, le tourisme et le volcan Agung

L'aéroport international de Bali a rouvert, vendredi 29 juin 2018, après avoir été fermé plus tôt dans la journée en raison d'une éruption volcanique sur l'île la plus touristique d'Indonésie, entraînant l'annulation de centaines de vols et bloquant de nombreux touristes.

L'éruption du mont Agung, culminant à un peu plus de 3 000 mètres et situé à environ 75 km des principales destinations touristiques de Kuta et Seminyak, a entraîné l'annulation de 446 vols domestiques et internationaux au départ et à destination de Bali. Quelque 75 000 passagers ont été affectés. Quelque 400 habitants vivant à proximité du volcan ont dû être évacués. L'éruption du volcan avait déjà entraîné la fermeture de l'aéroport à la fin de 2017.

Le volcan entre régulièrement en éruption depuis qu'il s'est réveillé. La menace d'une éruption majeure avait conduit à la fermeture de l'aéroport pendant trois jours en novembre 2017. L'annulation de centaines de vols avait bloqué des milliers de touristes qui viennent du monde entier sur cette île aux plages paradisiaques. Des dizaines de milliers d'habitants vivant dans un périmètre proche du volcan avaient alors fui leurs maisons et d'autres avaient été évacués sur instruction des autorités. Cette situation avait eu d'importantes répercussions sur l'économie locale, en particulier le très lucratif secteur du tourisme.

La dernière éruption majeure du mont Agung avait fait quelque 1 600 morts en 1963. Environ un milliard de tonnes de débris avaient été rejetées dans l'atmosphère jusqu'à Jakarta, à un millier de kilomètres, provoquant pendant un an une obscurité qui avait fait baisser la température du globe de 0,3 degré.

"Éruption volcanique à Bali : l'aéroport international rouvre après une brève fermeture", *Le Monde*, 29 juin 2018

Le modèle intensif de riziculture

Le riz demeure la première culture de l'Asie du Sud-Est, tant par les surfaces cultivées, la valeur de la production – qui demeure supérieure à celle de tout autre produit agricole pris isolément –, que par la place qu'il occupe dans le patrimoine culturel régional.

La riziculture a contribué à sculpter les paysages de la région et s'est accompagnée de formes d'organisation sociale originales. En classant les rizières en terrasse des cordillères des Philippines au patrimoine mondial de l'humanité, l'Unesco a voulu rendre compte du savoir-faire de la minorité ethnique Ifugao dans l'art de produire des rizières à haute altitude, sur des pentes raides, avec un système d'irrigation complexe à partir de la captation de l'eau des forêts de montagne. Ces rizières en terrasse de la chaîne montagneuse de l'île septentrionale de Luzon offrent l'exemple d'un paysage culturel vivant très ancien et transmis au fil des générations.

Malgré ce savoir-faire ancestral, au lendemain des indépendances, l'agriculture sud-est asiatique était très peu productive, par comparaison avec les rendements obtenus au Japon, en Corée du Sud et à Taïwan, pays ayant connu des réformes agraires dès les années 1940 et 1950. L'adoption des trois grands préceptes de la "révolution verte" – intensification, expansion et diversification des cultures – va cependant engendrer une forte hausse de la production agricole. En dépit de fluctuations annuelles liées aux aléas climatiques, la production de riz dans la région a quasiment triplé depuis le début des années 1960, avec des décalages de chronologie selon les pays.

L'intensification est passée par un recours accru à l'irrigation – alors que les ricicultures pluviales et inondées sont tributaires des seules précipitations ou de la présence mitoyenne d'un fleuve inondant les rizières à la saison des pluies –, mais aussi par l'usage croissant d'intrants d'origine industrielle et par le recours à de nouvelles variétés hybrides de semences sélectionnées. L'intensification de la riziculture irriguée a permis d'obtenir deux – et parfois même trois – récoltes de riz par an dans de nombreuses régions. À cette intensification s'est couplé un accroissement des surfaces agricoles, qui ont augmenté de près de 40 % entre 1980 et 2014 à l'échelle régionale, même si une part importante de cette croissance est due à la conversion d'espaces forestiers en agriculture de plantation (café, huile de palme), ce qui témoigne par ailleurs d'un processus de diversification des cultures. Le Cambodge, l'Indonésie, la Birmanie et le Vietnam ont connu une expansion des terres agricoles supérieure à 50 % au cours de la période 1980-2014 (la plus forte expansion ayant été observée au Cambodge, dont la superficie agricole s'est accrue de plus de 100 %).

Ces politiques, très largement soutenues par les États, ont permis à la région de générer d'importants surplus rizicoles pour le marché international. C'est notamment le cas de la Thaïlande et du Vietnam qui comptent parmi les premiers pays exportateurs de riz (respectivement 2e et 3e rangs mondiaux en 2018). Le Cambodge et la Birmanie, dont les systèmes agricoles avaient été durement touchés par les conflits et les crises de la période postcoloniale, ont également renoué avec les exportations rizicoles. En Indonésie, entre 1961 et 2017, la production de riz a été multipliée par plus de cinq, quand la population n'était multipliée que par 2,8. Au cours de cette période, la croissance de la production rizicole est nettement supérieure à celle des populations nationales dans tous les pays de la région, à l'exception de la Malaisie où l'État a valorisé l'expansion et l'intensification du palmier à huile, jugé plus rentable, tout en poursuivant une stratégie de sécurité alimentaire largement assurée par les importations.

On peut néanmoins se demander si les performances du développement rizicole sud-est asiatique depuis les années 1960 n'atteignent pas aujourd'hui leurs limites, notamment sur le plan environnemental. La subsidence des terres et la montée du niveau de la mer dans différents deltas rizicoles de la région engendrent le défi de la salinisation des terres (voir p. 34-35), auquel la recherche de nouveaux riz hybrides plus résistants n'offre pas encore de réponses satisfaisantes. Par ailleurs, l'usage des intrants chimiques soulève de nombreuses questions sanitaires, face auxquelles les politiques publiques peinent encore à proposer des solutions satisfaisantes.

Des rizières en terrasse
Philippines, 1986 © Steve McCurry/Magnum Photos

Pays producteurs de riz et croissance de la production

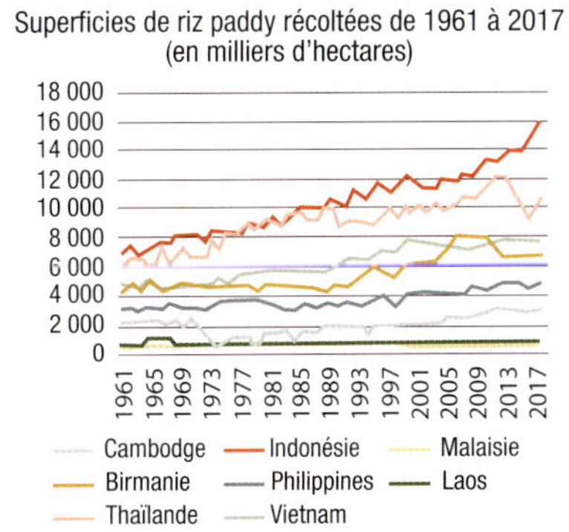

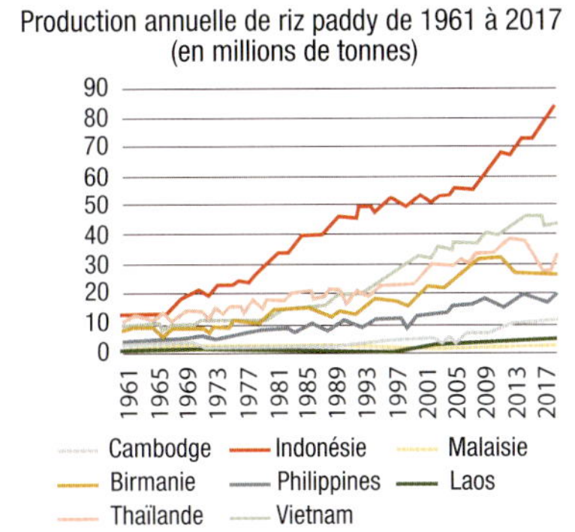

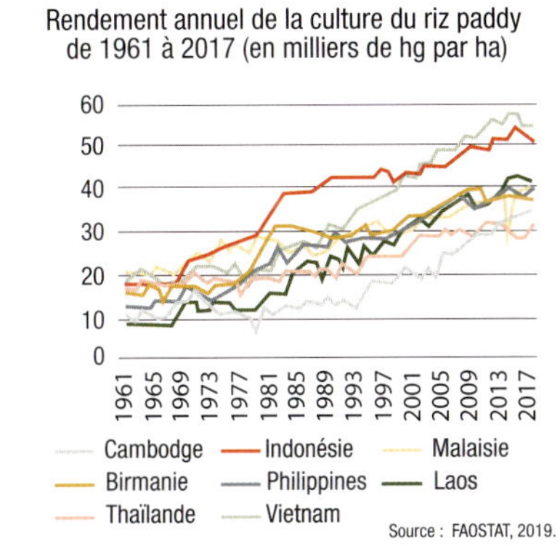

Source : FAOSTAT, 2019.

Différents types de riziculture

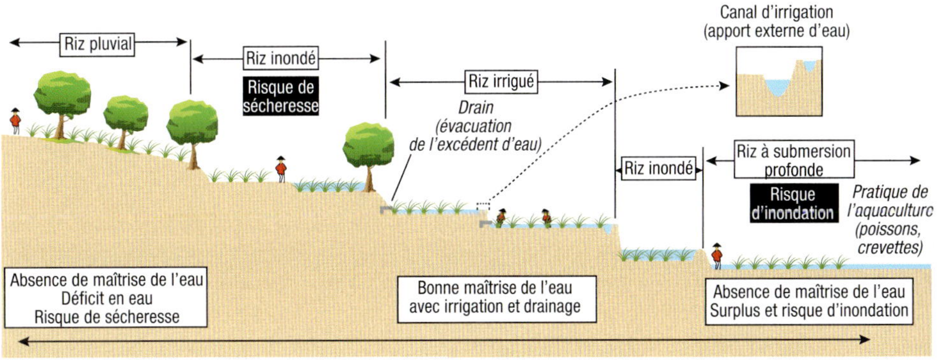

Source : Guy Trébuil et Mahabub Hossain, *Le riz. Enjeux écologiques et économiques*, Paris, 2004.

Les variétés de riz hybrides

Nguyen Thi Lang, professeure à l'Institut de recherche sur le riz de Cuu Long, dans une serre, Can Tho, Vietnam, novembre 2015 © Olivier Donnars

Les défis sanitaires

Le développement de l'Asie du Sud-Est se lit dans la baisse remarquable de la mortalité depuis le milieu du XXe siècle. Le taux de mortalité y est passé de 19 ‰ en 1950 à 6,7 ‰ aujourd'hui et l'espérance de vie est désormais de 70,5 ans contre 46,5 ans en 1950. Ces chiffres témoignent de la transition démographique de la région, malgré des décalages chronologiques selon les pays. Ce sont également des marqueurs de sa progressive "transition épidémiologique", expression traduisant le changement de nature des causes principales de mortalité, avec une baisse progressive des maladies infectieuses et parasitaires et une hausse des maladies dites chroniques (cancers, maladies cardiovasculaires, etc.) liées à l'allongement de l'espérance de vie, à des évolutions structurelles comme l'urbanisation, l'industrialisation, l'intensification des modèles agricoles et la progressive sédentarisation des modes de vie. La pollution atmosphérique dans les grandes villes constitue également un nouveau défi de santé publique.

La baisse des maladies infectieuses, comme la dysenterie, le paludisme et la dengue, est le fruit de programmes politiques volontaristes et de la mobilisation de grandes organisations internationales. Singapour et la Thaïlande illustrent bien cette tendance, avec des modèles de transition démographique précoces et rapides, engagés dès les années 1950, combinés avec de grands plans de lutte contre le paludisme et les maladies infectieuses. L'équipement des pays en infrastructures sanitaires de base et les campagnes de vaccination ont également joué un rôle important : le taux de couverture vaccinale est passé de 40 % de la population sud-est asiatique en 1970 à des niveaux de 70 à 98 % selon les pays aujourd'hui.

Malgré tout, l'Asie du Sud-Est, notamment du fait de sa localisation dans la zone intertropicale, qui combine chaleur et humidité, reste une zone endémique de grandes maladies infectieuses et parasitaires. Elle compte encore pour 10 % des cas de paludisme dans le monde et est exposée dans certaines zones à des souches résistantes aux traitements classiques. Les récentes épidémies de dengue, transmises par des moustiques *Aedes*, sont symptomatiques de ces défis sanitaires persistants. Le risque de conséquences sévères est non négligeable pour les personnes infectées, qui comptent souvent parmi les plus vulnérables et les plus précaires.

Face à la hausse des infections et au retour régulier d'épidémies durant les mois les plus chauds – entre juin et octobre –, Singapour intensifie d'année en année son dispositif de lutte contre la dengue. 3300 cas de dengues ont été recensés à Singapour en 2018 et 4000 entre janvier et mai 2019. Il n'existe encore aucun vaccin contre cette maladie et seules des mesures préventives, à la fois individuelles – protection contre les piqûres de moustiques – et collectives – lutte contre la prolifération des moustiques – sont préconisées. L'agence nationale de l'environnement (NEA) exhorte régulièrement la population à suivre un ensemble de recommandations visant à éliminer les points d'eau stagnante où se nichent les gîtes larvaires de moustiques, par le biais de vastes campagnes d'affichages dans les quartiers. La banderole ci-contre illustre des différentes langues en usage à Singapour : l'anglais, le mandarin, le malais et le tamoul. Comme en témoigne le prospectus de la NEA, les Singapouriens sont incités à vider régulièrement l'eau des seaux et des soucoupes des pots de fleurs, à couvrir les fûts de récupération d'eau de pluie et à vérifier l'état des gouttières. La NEA procède également à des inspections dans les quartiers jugés sensibles et à des visites à domicile, pouvant donner lieu à des amendes. Quand ces mesures s'avèrent insuffisantes, les autorités singapouriennes, comme les autorités thaïlandaises, procèdent à des opérations de fumigation d'insecticides de grande ampleur dans les espaces domestiques et publics afin de détruire les gîtes larvaires, seul moyen d'enrayer une épidémie en cours, même si l'effet de ces opérations – discutables sur le plan environnemental – est de courte durée. L'arrivée de Zika durant l'année 2016 a contribué à réactiver les campagnes de luttes contre les moustiques : 300 cas ont été recensés en Thaïlande dès 2016, accompagnés de naissances de bébés atteints de microcéphalie provoquée par la contamination des mères pendant leur grossesse.

La propagation mondiale de la grippe aviaire en 2005-2006 à partir des foyers sud-est asiatique et chinois illustre par ailleurs la mondialisation des enjeux sanitaires, à mesure que la région s'ouvre à l'économie et aux mobilités mondiales. Les circulations d'oiseaux migrateurs et les mobilités humaines ont été le vecteur principal de transmission et de diffusion du virus. Le rôle des oiseaux migrateurs dans ce type de pandémie a par ailleurs été démontré par le Consortium mondial sur le H5N8 et les virus grippaux dérivés, dans une étude publiée en 2016 dans la revue *Science*.

La lutte contre les moustiques à Singapour

Prospectus de la National Environment Agency, Singapour, 2019 © NEA

Traduction : 1. "Protégez nos familles de la dengue. Débarrassez-vous des eaux stagnantes et empêchez les moustiques de proliférer chez vous."

2. "Videz vos vases."

3. "Videz vos seaux."

4. "Dégagez la gouttière de votre toit et mettez-y de l'insecticide Bti."

5. "Ameublez la terre durcie."

Alerte lors d'une épidémie de dengue à Singapour

Affiche de prévention contre la dengue dans le quartier de Little India, Singapour, 6 juillet 2012 © Franck Guiziou/Hemis/AFP

Une opération de désmoustication à Bangkok (Thaïlande)

Fumigation visant à éliminer les gîtes larvaires de moustiques devant un temple à Bangkok, Thaïlande, 3 octobre 2016 © Chaiwat Subprason/File Photo/Reuters

La diffusion mondiale de la grippe aviaire (2003-2008)

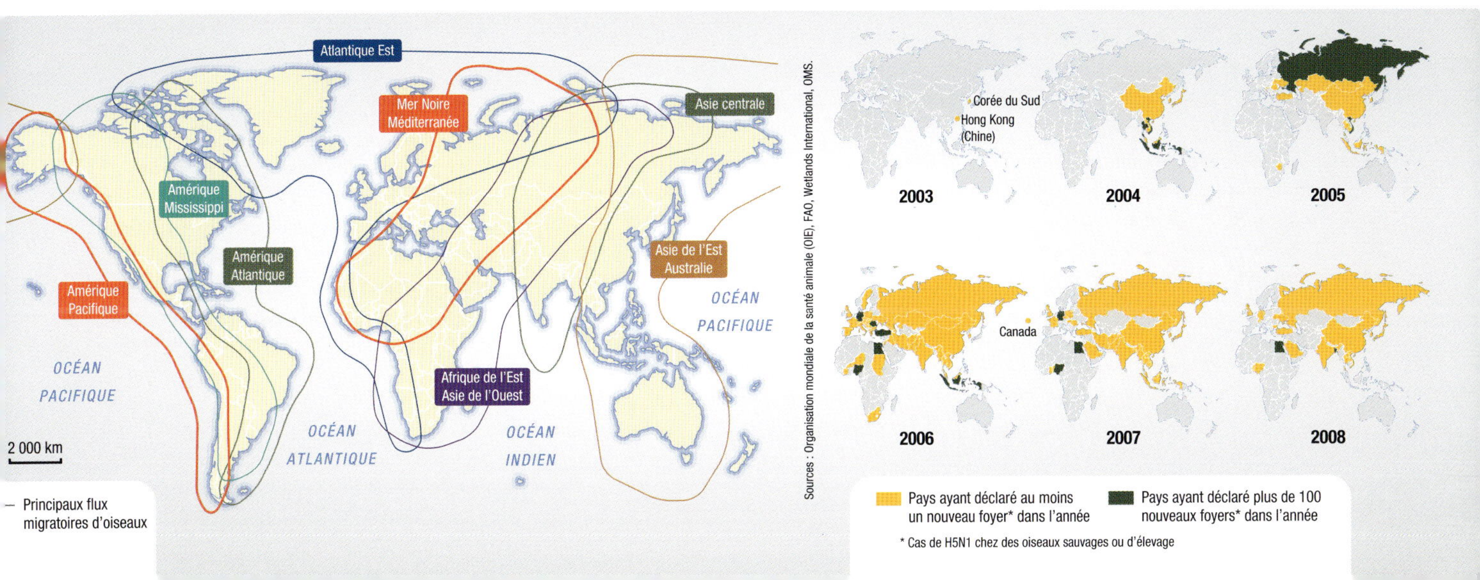

CULTURE ET POLITIQUE

La politique patrimoniale en question

La quarantaine de sites inscrits au patrimoine mondial de l'Unesco en Asie du Sud-Est participe pleinement à la renommée culturelle et touristique de la région. La course aux labels révèle la montée en puissance de la vision universelle du patrimoine et de l'unicité des approches diffusées par les grands organismes internationaux, au détriment de la variété des conceptions et pratiques locales. Les politiques patrimoniales sont investies d'enjeux mémoriels, identitaires et ethniques, mais aussi politiques et économiques. Ils peuvent être sources de conflits à l'instar du site archéologique de Preah Vihear qui envenime les relations bilatérales entre la Thaïlande et le Cambodge depuis l'attribution du label Unesco en 2008 à ce site frontalier, sur lequel le Cambodge détient la souveraineté depuis 1962 à la suite d'une décision de la Cour de Justice internationale.

Alors que les politiques patrimoniales visent à préserver des éléments hérités du passé – matériels, immatériels ou naturels –, en vue de les transmettre aux générations futures, l'inscription au patrimoine mondial constitue paradoxalement un puissant vecteur d'urbanisation en lien avec le développement de l'économie touristique. Le meilleur exemple de cette ambiguïté est le binôme cambodgien composé des 401 km² du complexe archéologique d'Angkor (IX-XVe siècles) et de la ville de Siem Reap, véritable porte d'entrée du site classé, qui accueille et héberge des flux croissants de visiteurs au prix de mutations accélérées et d'une extension rapide de son aire urbanisée. Les temples d'Angkor sont à la fois le symbole historique de la civilisation khmère et l'emblème du renouveau économique du pays après la période des Khmers rouges. Ils furent "redécouverts" en pleine jungle par des explorateurs occidentaux à la fin du XIXe siècle. Les opérations de rénovation furent interrompues pendant la guerre civile dans les années 1970 et le site infesté de mines antipersonnelles. De ce fait, le déminage fut l'une des priorités dans les efforts de sauvegarde d'Angkor au sortir du conflit. Le roi Norodom Sihanouk a alors fait appel à l'aide de l'Unesco et le complexe de temples fut inscrit au patrimoine mondial en péril en 1992, où il demeura jusqu'en 2004. Angkor illustre l'importance du patrimoine culturel comme catalyseur de développement. De 466 000 visiteurs en 2000, le site est passé à plus d'un million en 2004 et à plus de cinq millions en 2016. En 2017, un million de touristes chinois ont visité le site et dix compagnies aériennes chinoises desservent directement Siem Reap. Dix millions de visiteurs annuels sont attendus à horizon 2025, au risque de mettre le site en péril. Aujourd'hui déjà, la cohue ternit la visite des trois temples phares – Angkor Vat, le Bayon et le Ta Prohm –, vers lesquels se précipitent, en rangs serrés, des groupes de touristes avides de prendre des photos.

La pression exercée a littéralement transformé la ville de Siem Reap, située à six kilomètres, où se multiplient hôtels – toujours plus massifs –, boutiques, restaurants et agences de voyages, à la faveur d'un cadre réglementaire très peu contraignant en complète opposition avec la zone de protection du site archéologique. La spéculation foncière et immobilière qui accompagne le développement non contrôlé de la ville met en danger les équilibres anciens entre bâti et ressources environnementales. Les piscines des hôtels contribuent à vider les réserves d'eau souterraines et rendent les terrains environnants plus instables. La pollution atmosphérique et le traitement des déchets sont également problématiques, alors que la ville croit par addition de projets immobiliers sans cohérence globale. Ce mode de développement traduit les effets de la politique très libérale promue par les autorités cambodgiennes après les accords de Paris mettant fin à la guerre civile en 1991 afin d'attirer les investisseurs privés. Le noyau historique de Siam Reap a été massivement converti aux fonctions commerciale et touristique, tandis que les fonctions nécessaires à la vie quotidienne des habitants ont été déplacées vers les périphéries, ce qui engendre de nouvelles inégalités sociospatiales. En outre, la très rapide extension urbaine le long des principaux axes de transport s'est produite sans plan d'aménagement global.

Ce paradoxe n'empêche pas d'autres villes de la région de convoiter le précieux label Unesco. Chiang Mai, ancienne capitale du royaume Lanna au nord de la Thaïlande, prépare actuellement sa candidature pour devenir le premier site classé patrimoine mondial "vivant" du pays. Il s'agit de classer une ville entière, en pleine transformation, et non pas seulement un ensemble monumental, ce qui pose des défis inédits. Depuis 2017, Chiang Mai a déjà rejoint le réseau international des "Villes créatives de l'artisanat et des arts populaires" sous l'égide de l'Unesco, afin de mettre en valeur le savoir-faire de ses habitants, notamment le travail de l'argent que l'on trouve dans le quartier du Wat Sri Suphan. Les communautés de moines de ce quartier participent activement à cette production artisanale et de nombreux ateliers de travail de l'argent sont situés dans les périmètres des monastères.

La surfréquentation touristique à Angkor

Lever de soleil sur le site d'Angkor, Cambodge, 22 mars 2018 © AFP

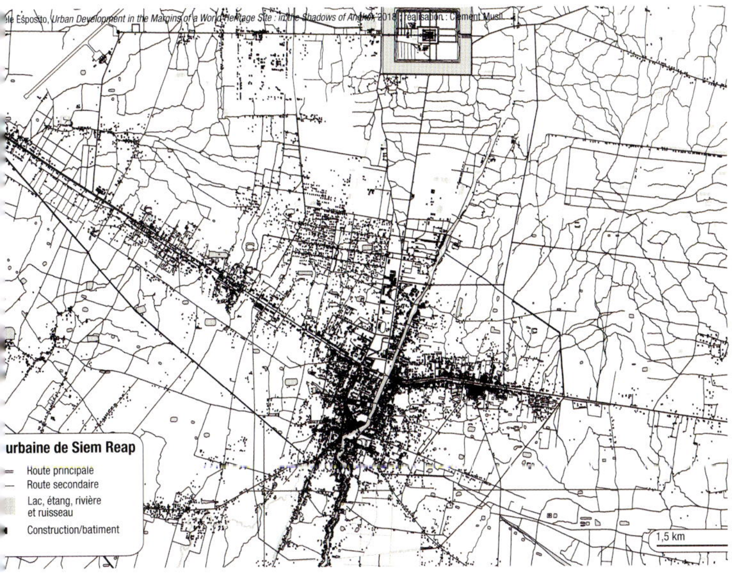

L'étalement urbain à Siam Reap près d'Angkor

La mise en tourisme à Siem Reap

Restaurants et bars sur Pub Street, Siem Reap, Cambodge, 26 juin 2015 © Brent Lewin/Bloomberg/Getty Images

Le patrimoine de la sculpture artisanale à Chiang Mai

Travail de l'argent à Chiang Mai, Thaïlande, 22 juillet 2017 © Marie Gibert

Le développement du tourisme international

L'essor du tourisme international en Asie du Sud-Est est un élément clef de sa régionalisation et de sa mondialisation contemporaine. L'offre touristique y est de plus en plus variée: aux sites culturels et paysages naturels anciennement valorisés se sont récemment ajoutés de nouveaux produits, comme les parcs à thème et complexes de resorts-hôtels, traduisant la montée en puissance d'un tourisme de masse et l'ampleur des mutations sociospatiales qui l'accompagnent.

Les retombées économiques, quoique difficiles à quantifier avec exactitude tant le secteur est imbriqué dans des économies nationales plus ou moins diversifiées, représentent environ 14 % du PIB global de la région. La Thaïlande, Singapour et la Malaisie sont les trois pays qui génèrent le plus de retombées économiques touristiques, du fait de la précocité de leurs grands plans d'aménagement nationaux. L'Indonésie, le Vietnam et les Philippines ont une position intermédiaire, leur croissance touristique étant plus récente. Un dernier groupe de pays bénéficie de revenus plus faibles : le Cambodge (mais le tourisme international y représente néanmoins 32 % du PIB national), la Birmanie, le Laos, Brunei et le Timor-Leste.

Près de la moitié des flux de touristes internationaux dans la région concernent les habitants de l'Asean eux-mêmes, de plus en plus nombreux à faire du tourisme dans les pays voisins. Les touristes de l'Asie orientale – Chinois, Coréens et Japonais – forment le deuxième contingent. Depuis l'exemption de visa pour séjours touristiques qui leur a été accordée en 2015, les Coréens du Sud sont devenus les deuxièmes visiteurs au Vietnam après les Chinois. Dans ce pays, le nombre de touristes a franchi le cap du million en 2015 ; il a atteint 2,5 millions en 2017 et près de 3,5 millions en 2018, illustrant la croissance très rapide de ce marché régional.

Les promesses de renommée mondiale et les retombées économiques espérées justifient des aménagements touristiques de plus en plus massifs et dispendieux. Si les années 1990 ont marqué un renforcement significatif de la capacité hôtelière dans la région, les années 2000 ont été marquées par un véritable emballement de la construction dans ce secteur. Le gouvernement de Malaisie a par exemple planifié le développement de l'archipel de Langkawi, dans la partie nord du détroit de Malacca, dès les années 1990 afin d'en faire une destination phare à l'égal de Bali en Indonésie et Phuket en Thaïlande qui connurent un essor touristique important dès les années 1970. Auparavant occupées uniquement par des villages de pêcheurs, les petites îles sont devenues le terrain de prédilection de grands promoteurs immobiliers, implantant des complexes touristiques toujours plus vastes, comme autant de comptoirs déconnectés des sociétés locales. Au cœur de ce projet touristique : la création *ex nihilo* à Langkawi de l'Oriental Village, parc à thème et zone commerciale organisés autour d'un lac artificiel et dont l'architecture est censée recréer des bâtiments typiques de l'architecture malaise. Ce pastiche patrimonial, entièrement voué à des fins commerciales, est devenu d'autant plus incontournable qu'il accueille depuis 2003 le point d'entrée d'un téléphérique de 2,2 kilomètres, reliant l'Oriental Village au sommet du Gunung Machinchang. Cet équipement est venu conforter le gigantisme du projet d'aménagement de l'archipel.

Certains sites sont aujourd'hui surinvestis par les activités touristiques au point de mettre en péril l'environnement et la durabilité de leur modèle économique. Les îles thaïlandaises de Phi Phi, situées au large de Phuket dans la mer d'Andaman incarnent ces dérives. Haut lieu de la plongée sous-marine et d'un tourisme festif, les paysages paradisiaques de la baie Maya avaient été popularisés par le film à succès de Danny Boyle *La Plage* (2000) porté par son acteur star, Leonardo DiCaprio. Depuis lors, le site a connu un développement extrêmement rapide, à peine ralenti par la catastrophe du tsunami de décembre 2004, qui a presque totalement détruit les infrastructures donnant sur les plages exposées et tué plus de 5 000 personnes. Le site a rapidement été réaménagé et accueillait récemment jusqu'à 5 000 visiteurs par jour sur les 250 mètres de plage de la baie de Maya, engendrant une importante érosion et autant de dommages sur les coraux et l'ensemble de l'écosystème. Les autorités thaïlandaises ont donc décidé d'interdire tout accès à la plage et à la baie au printemps 2018. Cette dernière ne devrait plus être accessible aux touristes et aux bateaux avant 2021, date à laquelle est prévu l'établissement de quotas.

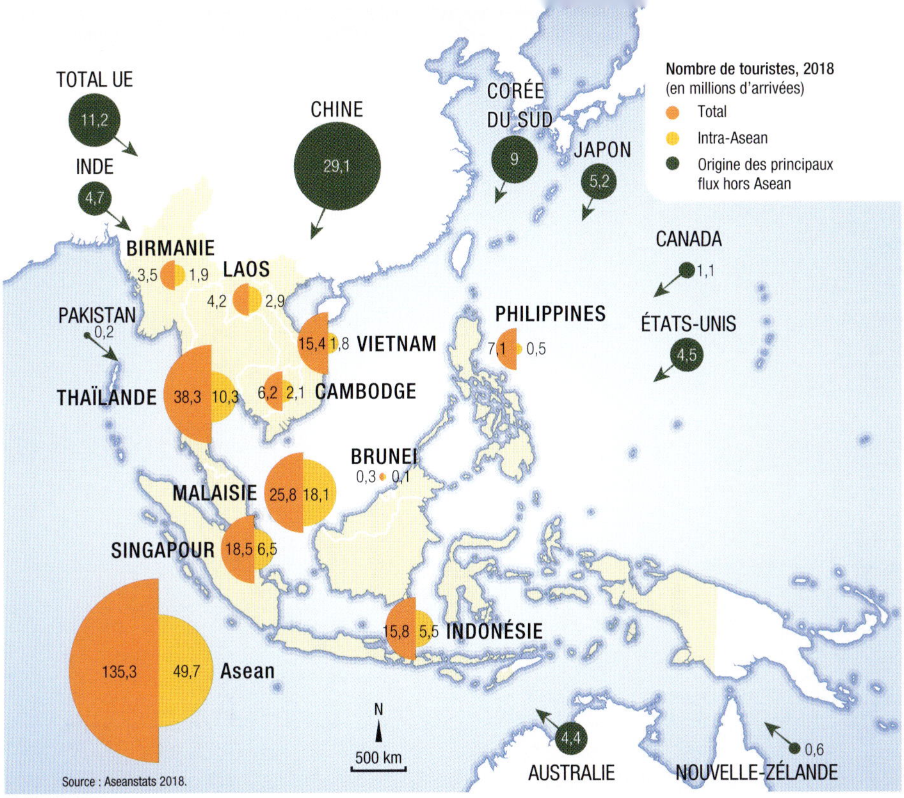

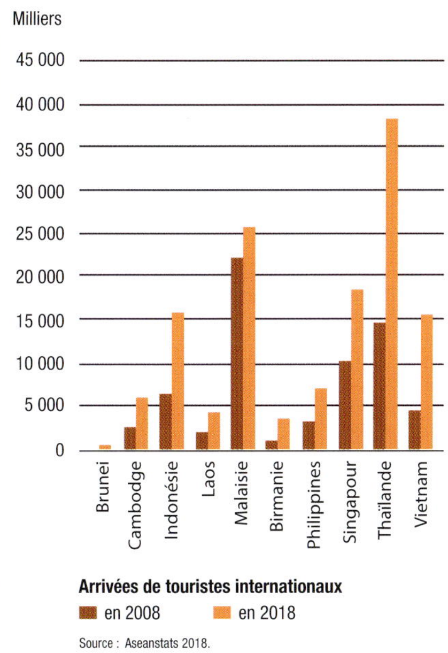

Les flux de touristes internationaux en Asie du Sud-Est

Quatre touristes sud-coréennes au Vietnam

Photographie illustrant un article du quotidien *The Hanoï Times* intitulé "Pourquoi le Vietnam est-il si attractif pour les visiteurs sud-coréens?", 4 février 2019
© The Hanoï Times

Une plage de Koh Phi Phi en Thaïlande

Touristes sur la plage de Maya Bay, Koh Phi Phi, Thaïlande, 9 avril 2018
© Lillian Suwanrumpha/AFP

Le téléphérique de l'île de Langkawi en Malaisie

25 novembre 2011
© Peter Bischoff/Getty Images

Les autoritarismes politiques

Les onze États que compte l'Asie du Sud-Est présentent des profils constitutionnels variés, avec trois monarchies constitutionnelles à deux chambres en Thaïlande, au Cambodge et en Malaisie, un régime parlementaire unicaméral à Singapour, trois régimes présidentiels en Birmanie, aux Philippines et en Indonésie, deux régimes néosocialistes à parti unique au Vietnam et au Laos, une royauté malaise au pouvoir absolu à Brunei et un régime que l'on peut qualifier de "semi-présidentiel" où le pouvoir exécutif est partagé entre le président et le premier ministre au Timor-Leste. Mais, en dépit de ces différences structurelles, les modes d'exercice du pouvoir tendent de plus en plus à converger vers un autoritarisme politique assumé dans l'ensemble de la région, avec un rôle central donné à l'armée, une longévité importante des appareils politiques au pouvoir et des sociétés civiles muselées.

Aux Philippines, qui ont connu la violente dictature de Marcos de 1965 à 1986, l'élection de Rodrigo Duterte à la présidence de la République en juin 2016 a marqué un nouveau tournant autoritaire. Ce dernier avait axé sa campagne sur ses résultats en matière sécuritaire, en particulier dans la lutte contre le narcotrafic en tant que maire de Davao, grande ville du pays où il a exercé de plusieurs mandats entre 1988 et 2016. Lors de sa campagne électorale, il avait déclaré : "Oubliez les droits de l'homme, si je deviens président, ça va saigner", promesse suivie d'effets que dénonce la caricature de presse. Dès son élection, sa politique a conduit à l'exécution de milliers de personnes – supposément des trafiquants et consommateurs de drogues – par la police en dehors de tout cadre légal. Il a conforté son autorité sur le pays lors des élections de mi-mandat du printemps 2019, où ses partisans ont obtenu neuf des douze sièges de sénateurs qui étaient remis en jeu. Parmi les nouveaux sénateurs figure l'ex-chef de la police nationale, Ronald dela Rosa, chargé de la mise en œuvre de la "guerre contre la drogue" en 2016. Ce résultat favorable ouvre à présent la voie d'un rétablissement très controversé de la peine de mort et d'une réforme de la constitution. Les affiches électorales visibles sur la photographie de la campagne électorale de 2019 témoignent toutefois d'un foisonnement du débat politique et des enjeux électoraux que ne remet pas en cause cette évolution autoritaire.

La Thaïlande, aujourd'hui classée 136e sur 180 pays pour la liberté de la presse par l'association Reporters sans frontières (RSF), connaît également une dérive autoritaire depuis le coup d'État du général Prayuth Chan-o-cha en 2014. Le "Conseil national pour la paix et l'ordre", qualificatif qui désigne la junte militaire au pouvoir, n'a eu de cesse de surveiller et censurer journalistes et blogueurs. Doté des pleins pouvoirs, cet organe a multiplié les convocations arbitraires et les détentions, poussant même à l'exil certains journalistes. Toute critique du pouvoir est susceptible de déclencher une violente répression. Les élections de mars 2019, promises depuis des années et qui ont vu le Général Prayuth Chan-o-cha reconduit dans ses fonctions de Premier ministre, n'ont rien changé à cet état de fait. RSF précise que le mépris du pluralisme affiché par la junte a été tel que la chaîne Voice TV, proche de l'opposition, a tout simplement été suspendue durant la campagne électorale. La loi sur la cybersécurité, adoptée en février 2019, qui octroie encore plus de pouvoirs à l'exécutif, fait peser de nouvelles menaces sur la liberté de l'information en ligne. La caricature de presse rappelle que la Thaïlande est loin d'être le seul pays de la région où la liberté de la presse est directement menacée. La pancarte brandie par un membre de RSF évoque Chiranuch Premchaiporn, rédactrice en chef du site thaïlandais d'informations Prachatai, condamnée en 2010 pour crime de lèse-majesté parce qu'elle aurait trop tardé à retirer de son site Internet des commentaires d'internautes perçus comme des critiques de la monarchie.

La photographie prise devant le Centre des congrès nationaux à Hanoï, en janvier 2016, lors du XIIe congrès national du parti communiste vietnamien (PCV) illustre l'entreprise de propagande orchestrée par cet organe qui dirige et contrôle le pays selon les préceptes du "centralisme démocratique" grâce à ses 45 000 ramifications locales présentes sur l'ensemble du territoire. Les affiches rappellent le rôle central du Parti dans le développement et la modernisation du pays, depuis les réformes du Renouveau (Đổi Mới) engagées en 1986. La concentration des pouvoirs s'est encore accentuée en 2018, lorsque les fonctions de secrétaire général du PCV et de chef de l'État ont échu à un seul et même homme, Nguyễn Phú Trọng, au détriment d'un équilibre datant des années 1980.

La lutte contre le trafic de drogues aux Philippines

Dessin paru dans les quotidiens thaïlandais *The Nation* et indonésien *Jakarta Post*, octobre 2017 © Stephff

La campagne électorale de mi-mandat de la présidence Duterte (2019)

Un conducteur de rickshaw passe devant des affiches électorales, Manille, Philippines, 13 mai 2019 © Noël Celis/AFP

La liberté de la presse en Thaïlande

Le premier ministre Abhisit Vejjajiva (2008-2011) reçoit les conseils de ses homologues de la région. Traduction : "Le gouvernement thaïlandais se durcit à propos de la liberté de la presse (mais en profite pour se faire de nouveaux amis)" ; Chine : "Demandez à Google Thaïlande de vous donner quelques noms" ; Singapour : "bah ! De toute façon, qui a besoin d'une presse libre ?" ; Malaisie : "Soyez plus dur avec les dessinateurs également !" ; Birmanie : "Vous devriez garder Chiranuch derrière les barreaux 10 ans de plus. Quelques jours seulement vous font passer pour un piètre dictateur !" Dessin paru dans les quotidiens thaïlandais *The Nation* et indonésien *Jakarta Post*, 2010 © Stephff

Parti unique et propagande au Vietnam

Un policier des forces spéciales en faction devant le centre des congrès nationaux My Dinh pendant le 12e congrès national du parti communiste vietnamien, Hanoï, Vietnam, 25 janvier 2016 © Hoang Dinh Nam/AFP

Les minorités ethniques

La diversité ethnolinguistique de l'Asie du Sud-Est, région-carrefour, constitue la trace vivante de vagues de migrations successives dans le temps long de l'histoire humaine. La proportion des minorités dans les populations nationales varie d'un État à l'autre : elle s'élève à 71 % aux Philippines, 60 % en Indonésie, 40 % au Laos, 37 % en Malaisie, 32 % en Birmanie ou 14 % au Vietnam, mais seulement 2,5 % au Cambodge et en Thaïlande. En Asie du Sud-Est, la question des minorités ethniques renvoie à une géographie des marges territoriales et des montagnes et invite à une lecture relationnelle avec les populations majoritaires et les puissances étatiques. Les enjeux associés à l'intégration et au contrôle des populations minoritaires sont multiples : identitaires et religieux, ils sont aussi de nature géopolitique, en lien avec le contrôle des frontières et la récente valorisation économique des espaces frontaliers par l'économie extractive, les fronts pionniers agricoles ou encore les nouveaux grands projets de coopération transnationale.

La Birmanie illustre bien la complexité de ces enjeux et les tensions afférentes. La diversité ethnolinguistique y est inscrite dans la constitution même, qui distingue quatorze ensembles territoriaux : sept "régions" et sept "États". Les "régions" occupent une position centrale sous forme d'un corridor nord-sud et sont associées à la majorité Bamar, Birmans venus de la région tibétaine il y a environ mille ans et fondateurs du royaume de Pagan (XII-XIIIe siècle). Ils sont associés à famille linguistique tibéto-birmane, majoritaire dans le pays. Au contraire, les "États" sont localisés dans les périphéries montagneuses du pays et correspondent à la mosaïque des minorités. Les États Chin et Rakhine (Arakan) sont frontaliers du Bangladesh et de l'Inde. Inséré entre l'Inde et la Chine, l'État Kachin est dominé par les Kachin, mais est lui-même multiethnique. L'État Shan, dont les quelque trois millions d'habitants parlent une langue thaïe borde le Yunnan chinois, le Laos et la Thaïlande. Les États Karen et Kayah occupent plus au sud les hauteurs frontalières de la Thaïlande. Le petit État littoral Môn enfin se situe à l'extrême sud du pays. Depuis l'indépendance de la Birmanie en 1948, les rébellions armées des minorités ethniques du pays n'ont jamais cessé.

Les tensions remontent au temps de la colonisation britannique, qui eut pour effet d'interrompre le processus d'intégration nationale amorcé par les royaumes birmans. La logique de protectorat, mode d'administration indirecte, qui prévalut à cette période n'a pas permis d'intégrer les territoires peuplés par les minorités aux plaines et deltas de la majorité birmane. La logique de fédération qui prévaut dans l'État birman depuis l'indépendance a conduit à une autonomie plus formelle que réelle dans les États périphériques et a ravivé de nombreux conflits latents. Ces derniers sont entretenus par un fort nationalisme birman et la place dominante du clergé bouddhiste face à des minorités ethniques souvent christianisées ou islamisées. Ces conflits ont provoqué d'importants déplacements de populations réfugiées, tant en Birmanie même qu'au-delà des frontières nationales et prennent, à ce titre, une dimension de plus en plus régionale.

Les Rohingyas, en particulier, font l'objet de répressions violentes de la part de l'armée depuis l'instauration de la junte militaire en 1962. Ces musulmans sunnites sont un peu plus d'un million et vivent dans l'État pauvre de Rakhine, dans le nord-ouest du pays. La loi de 1982 ne les a pas reconnus comme faisant partie des trente-cinq ethnies officiellement répertoriées dans le pays, les rendant, de fait, apatrides et les privant de droits élémentaires. Les Rohingyas sont donc considérés comme des migrants illégaux et sont souvent désignés sous le vocable dépréciatif de "Bengalis". L'ancien royaume de l'Arakan, à cheval entre le Bangladesh et la Birmanie actuels, a en effet été intégré au Raj britannique au XIXe siècle, puis artificiellement rattaché à la Birmanie en 1937 lorsque celle-ci fut séparée de l'Inde. La "crise des Rohingyas" dont le premier épisode aigu intervint à la fin des années 1970 a été ravivée à l'été 2017 : l'ONU évoque déjà au moins 100 000 morts et parle aujourd'hui de menace de "génocide". La crise a déjà poussé à l'exil plus de 900 000 personnes dans les États voisins, qui peinent à les accueillir et voient leur arrivée d'un mauvais œil comme le traduit la caricature de presse ci-contre. L'image internationale de Aung San Suu Kyi, Prix Nobel de la paix 1992 et icône de la lutte pour la démocratie en Birmanie, s'en trouve aujourd'hui très largement écornée.

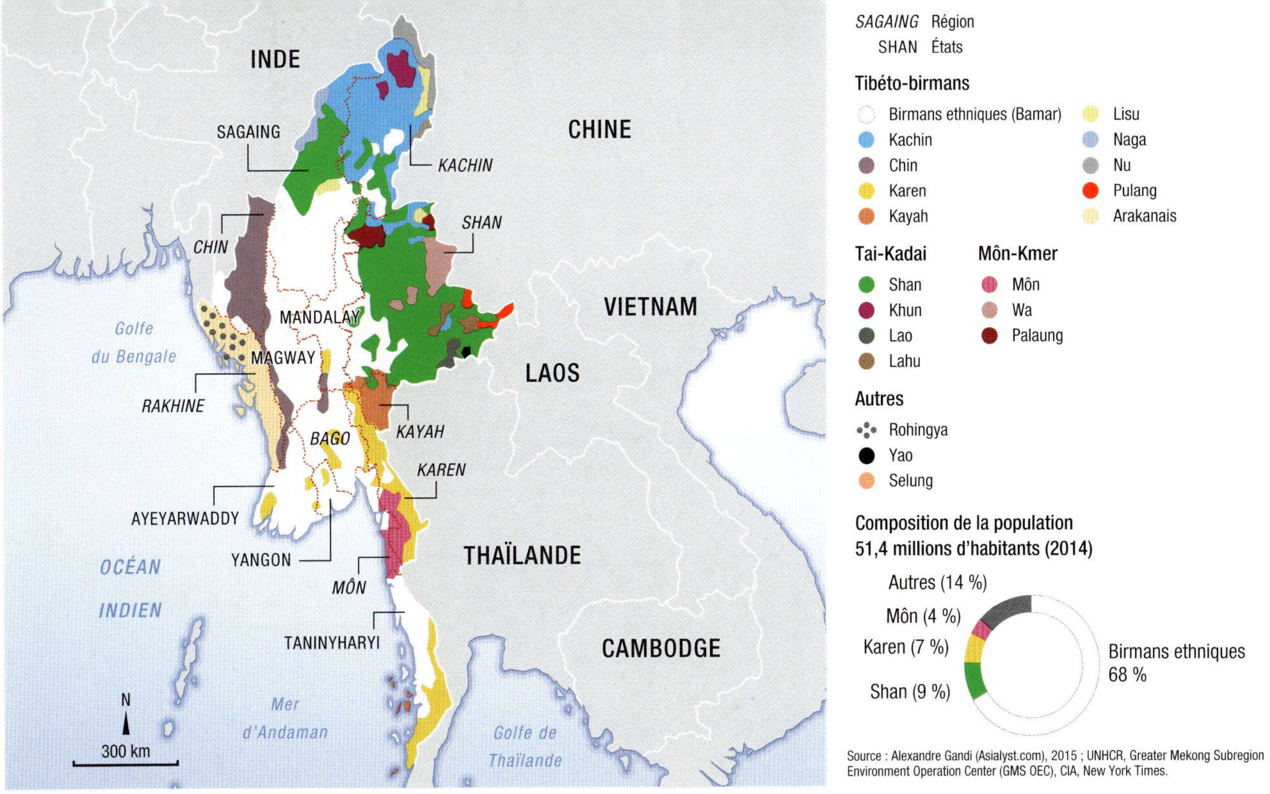

La mosaïque ethnique en Birmanie

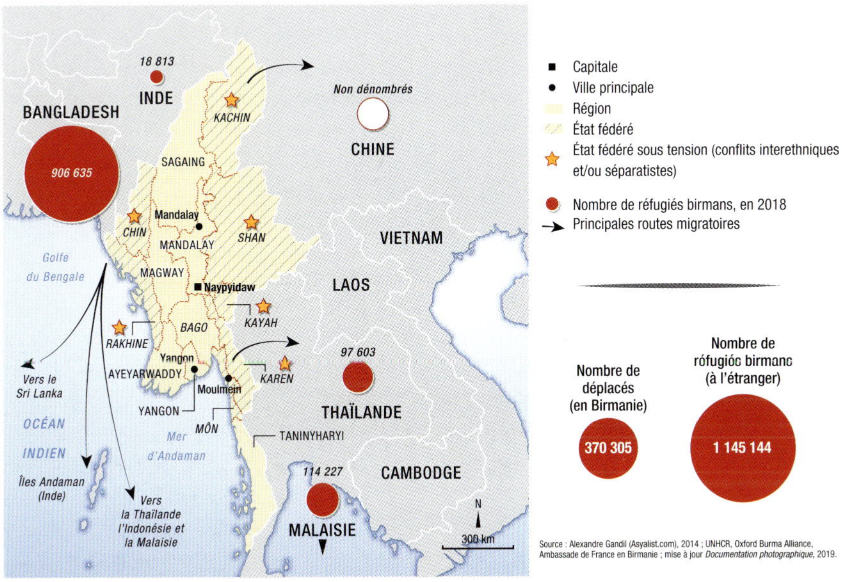

Déplacés et réfugiés rohingyas

Le rejet des réfugiés

Dessin paru dans les quotidiens thaïlandais *The Nation* et indonésien *Jakarta Post*, mars 2013 © Stephff

L'essor du protestantisme évangélique

La diversité culturelle de l'Asie du Sud-Est se traduit par la coexistence ancienne de grandes religions en son sein. Le bouddhisme theravada domine en Birmanie, en Thaïlande, au Cambodge et au Laos, le bouddhisme mahayana, au Vietnam. L'Islam est très présent en Asie du Sud-Est insulaire, en particulier en Indonésie, premier pays musulman au monde en nombre de fidèles, mais aussi en Malaisie et à Brunei. Aux Philippines enfin, le christianisme domine malgré la diversité religieuse du pays. Aux grandes religions s'articulent de nombreuses pratiques religieuses locales, plus ou moins syncrétiques. La période contemporaine se caractérise par la montée en puissance inédite du protestantisme évangélique, sous des formes éclectiques, au point que l'Asie orientale (comprenant Asie du Sud-Est et du Nord-Est) est devenue le second foyer mondial en nombre de protestants évangéliques: entre 1970 et 2000, leur nombre a bondi de 10 à 135 millions de fidèles, traduisant une importante diversification du paysage religieux.

Le protestantisme évangélique – qui regroupe des sous-groupes variés, comme les pentecôtistes et les charismatiques – est éclectique dans ses pratiques pastorales comme dans ses ancrages territoriaux. Les fondements communs à cette constellation sont le "biblicisme" (culture biblique comme référent), l'importance de la conversion et du baptême, et le militantisme associatif qui va de pair avec une autorégulation de ces églises, à rebours d'une organisation centralisée. Dès qu'une communauté a les moyens de s'autofinancer, elle s'autonomise et ne garde en général qu'un lien nominal avec l'Église dont elle est issue. Elle ne tire dès lors ses ressources financières que de ses propres membres, en appliquant le principe missionnaire de la triple autonomie (gouvernance, finance, expansion) qui engendre une mise en concurrence des groupes et des acteurs.

À Singapour, le protestantisme évangélique se déploie en "méga-églises", modèle venu des États-Unis qui trouve localement un terrain d'épanouissement fertile. Ces Églises évangéliques sont le fruit de la mondialisation contemporaine, mais s'articulent à un substrat protestant historique, qui a culminé lors des processus de décolonisation et se nourrit aujourd'hui de dynamiques intra-asiatiques. Le christianisme est la religion qui connaît la plus forte croissance à Singapour, passant de 14 % à 18 % de la population entre 2000 et 2010 (environ 60 % de protestants et 40 % de catholiques). La part du bouddhisme est passée de 42 % à 33 % sur la même période. Les méga-églises ont commencé à se développer dans les années 1990 et usent de stratégies marketing particulièrement élaborées: les messes y prennent des allures de concerts de rock, avec des sermons retransmis sur des chaînes YouTube et tout un arsenal technologique empruntant à la pop culture. Les rites attirent en particulier la classe moyenne éduquée et aisée de la cité-État, sensible à un message évangélique qui insiste sur la réussite économique et l'expérience individuelle, ce qui conduit ses détracteurs à parler "d'Évangile rentable".

La méga-église de la Nouvelle Création (New Creation Church), associée à la figure médiatique du pasteur Joseph Prince, compte aujourd'hui plus de 31 000 fidèles, qui assistent au culte grâce à des billets acquis sur réservation dans une salle de spectacle de 5 000 places: le Star Performing Arts Centre, intégré au *shopping mall* "The Star Buona Vista". En novembre 2019, cette méga-église a racheté l'intégralité du *mall* au promoteur CapitaLand, signe de sa puissance financière.

Au Cambodge, le succès de ces Églises s'inscrit dans un tout autre contexte et touche en particulier les populations minoritaires des régions périphériques montagneuses, comme les membres de l'ethnie Bunong au Mondolkiri, qui se convertissent massivement depuis les années 2000, souvent encadrées par des ONG religieuses transnationales relevant de différentes vagues missionnaires. La cérémonie de baptême photographiée ici reprend les codes du rite évangélique: baptême d'adulte par immersion dans une rivière, par référence à la pratique de Jean le Baptiste dans le Jourdain, et pensé comme une nouvelle naissance pour le baptisé. Les conversions vont de pair avec de nouvelles formes de socialisation et d'*empowerment* dans un contexte local marqué par une forte pression foncière et d'importantes mutations socio-économiques. Les groupes de parole de la Khmer Evangelical Church participent de cette dynamique. Catalyseurs de revendications ethnopolitiques, l'évangélisme prône une théologie de la Libération au nom d'une meilleure intégration des populations minoritaires dans l'économie de marché. Un certain pragmatisme économique peut ainsi susciter la conversion et l'engagement régulier auprès d'une communauté évangélique de fidèles ayant l'espoir de voir leur niveau de vie s'améliorer.

Le Star Performing Arts Center, lieu de culte de la New Creation Church à Singapour

Auditorium de la New Creation Church situé à l'intérieur du mall The Star Visa, Singapour, 7 août 2016 © New Creation Church, Singapore

Le Star Performing Arts Center : une église dans un mall

Singapour, 29 août 2012
© Munshi Ahmed/Bloomberg/Getty Images

Réunion de chrétiens évangéliques au Cambodge

Rencontre nationale du groupe des hommes de la Khmer Evangelical Church, Bu Sra, Cambodge, janvier 2010 © Catherine Scheer

Un baptême évangélique au Cambodge

Cérémonie de baptême dans la rivière Plai, Pechr Chenda, Mondulkiri, Cambodge, avril 2011 © Neth Prak

COOPÉRATION ET CONFLICTUALITÉ RÉGIONALE

L'Asean en question

L'Association des Nations d'Asie du Sud-Est (Asean), qui a fêté ses cinquante ans en 2017, compte dix États membres et environ 650 millions d'habitants. Si les observateurs étaient sceptiques quant à sa viabilité à l'époque de sa création, l'Asean a su s'adapter aux différentes évolutions du contexte géopolitique international pour devenir un acteur supranational important dans une région hétérogène en quête d'affirmation identitaire face à ses puissants voisins.

Lors de sa création en 1967 par l'Indonésie, Singapour, les Philippines, la Thaïlande et la Malaisie, l'Asean avait pour objectif de faire barrage à la montée du communisme et d'insuffler aux États de la stabilité politique dans le contexte post-indépendance et de la guerre froide. Soucieuse de garantir la souveraineté de chacune des nations qui la composent, l'Asean n'a affiché d'ambitions économiques que dans un second temps. L'association revendique un mode de fonctionnement consensuel, qu'elle qualifie "d'*Asean way*". Le sultanat de Brunei a rejoint l'association en 1984, quelques jours seulement après avoir obtenu son indépendance de la Grande-Bretagne. Il fut suivi par le Vietnam en 1995, le Laos et la Birmanie en 1997 et le Cambodge en 1999. La Charte de l'Asean signée à Bali en 2008 est venue consolider le principe de l'association de nations en mettant en place une "communauté" reposant sur trois piliers : communauté sécuritaire, communauté économique et communauté socioculturelle.

La dimension communautaire fut aussi appuyée par l'exemption de visa de tourisme accordée aux habitants de l'Asean pour se rendre d'un pays à l'autre (pour une durée limitée de quinze jours à un mois). Alliée à la libéralisation des transports aériens et à l'émergence des vols à bas coûts, cette mesure a largement contribué à l'apparition d'un sentiment communautaire et à une meilleure connaissance de la région par ses habitants. L'organisation tous les deux ans des Jeux du Sud-Est asiatique (SEA Games) auxquels sont conviés tous les pays de l'Asean ainsi que le Timor-Leste, participe de ce même mouvement comme le rappelle le slogan retenu pour l'édition 2017, organisée à Kuala Lumpur : "Rising together" ("S'élever ensemble").

Sur le plan économique, en dépit de la formalisation progressive d'une zone de libre-échange régionale (AFTA – Asean Free Trade Area) à partir de 1992, et de la baisse régulière des barrières douanières, jusqu'à leur suppression complète en 2010, la part du commerce intrazone demeure modeste. Les dix pays membres forment la quatrième région exportatrice du monde, mais la place des exportations intra-Asean varie d'un pays à l'autre. Avec plus de 50 % d'exportations intra-Asean, le Laos est le pays le plus dépendant de ce commerce, devant Brunei et la Malaisie pour lesquels l'Asean représente respectivement 30 % et 29 % des exportations. En valeur des produits échangés, le commerce de produits manufacturés intra-Asean ne représente aujourd'hui que 23 % au total. Le secteur des services est encore moins intégré : seuls 16,5 % de la valeur totale des transactions dans ce secteur était effectuée à l'intérieur de l'Asean en 2017.

Le premier partenaire économique de la zone est aujourd'hui la Chine, devant ses partenaires historiques que sont les États-Unis, l'Union européenne et le Japon. Les relations entre l'Asean et la Chine sont très anciennes, quoique toujours ambiguës, mêlant promesse d'opportunités économiques et menaces (voir p. 54-55). Dès 1991, la Chine est invitée aux réunions ministérielles de l'Asean et elle est associée au forum régional de l'Asean, qui traite des questions de sécurité, à partir de 1994. La signature d'un accord de libre-échange entre l'Asean et la Chine en 2010 (Asean-China Free Trade Area, ACFTA) est venue conforter une intégration économique par le développement de réseaux de production entre les deux entités. La Chine est par ailleurs de plus en plus intégrée aux instances régionales de discussion, comme en témoigne la montée en puissance de l'Asean +3 (Chine, Japon, Corée du Sud) et de l'Asean +6 (Chine, Japon, Corée du Sud, Inde, Australie, Nouvelle-Zélande). Mais la signature d'un "Partenariat économique régional global" (RCEP) entre les membres de l'Asean +6, pour lequel les discussions ont démarré en 2012 et visant à établir la plus grande zone de libre-échange au monde, a encore un long chemin à parcourir avant d'être envisageable. L'Inde a notamment annoncé au sommet de Bangkok de l'Asean de novembre 2019 qu'elle refusait d'adhérer à ce projet, en revanche très soutenu par la Chine.

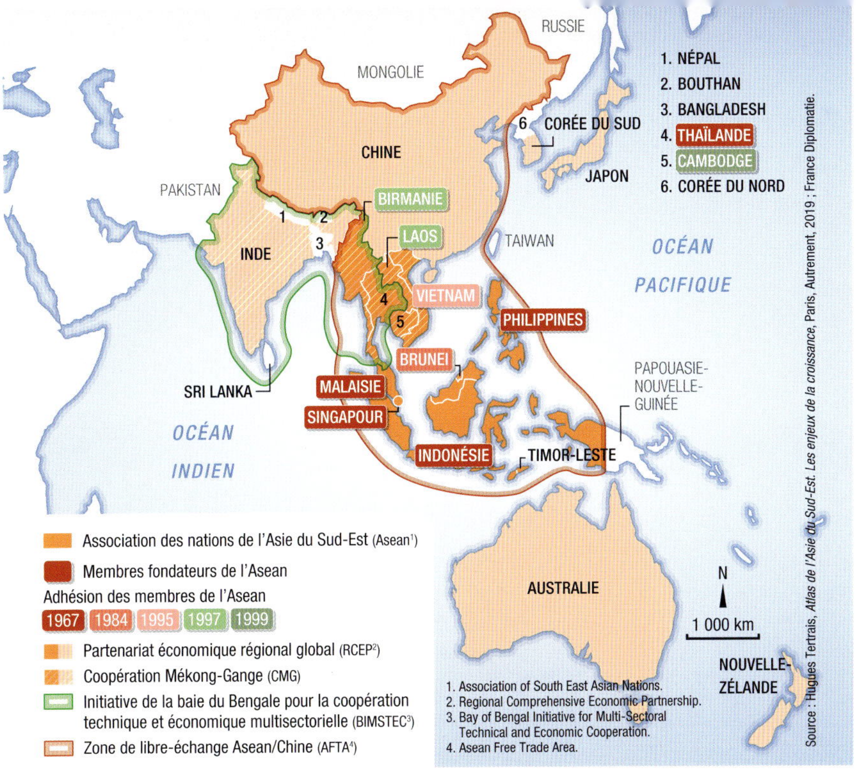

La construction progressive de l'Asean

Les SEA games

Logo de la 29e édition des Southeast Asia games organisés en 2017 à Kuala Lumpur en Malaisie.

Les relations économiques au sein de l'Asean

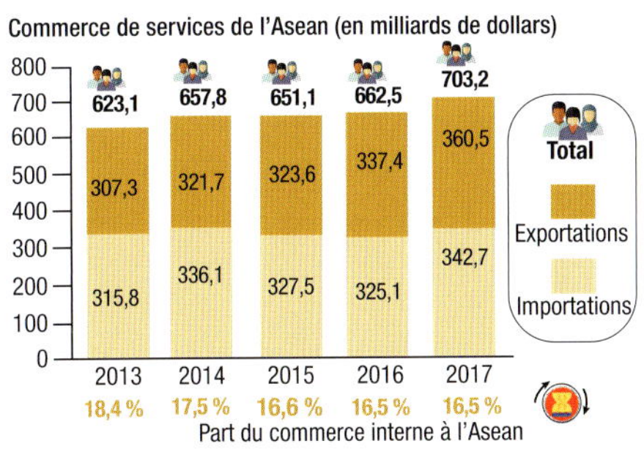

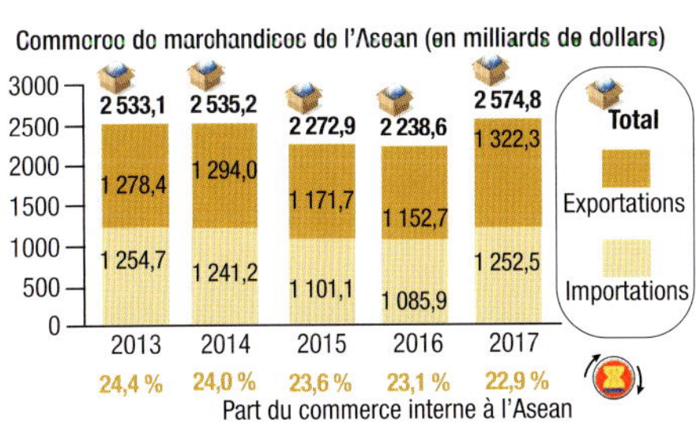

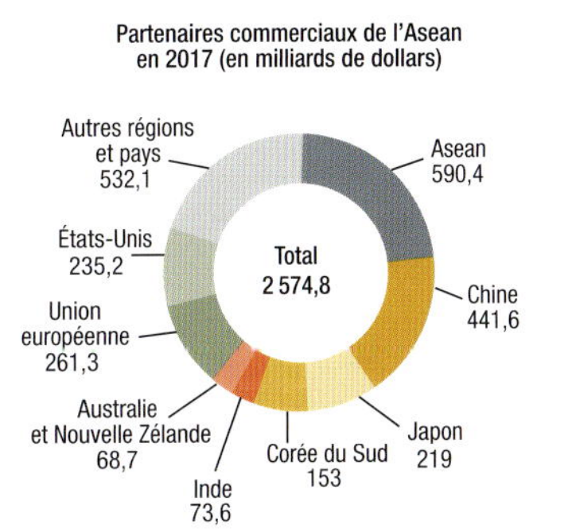

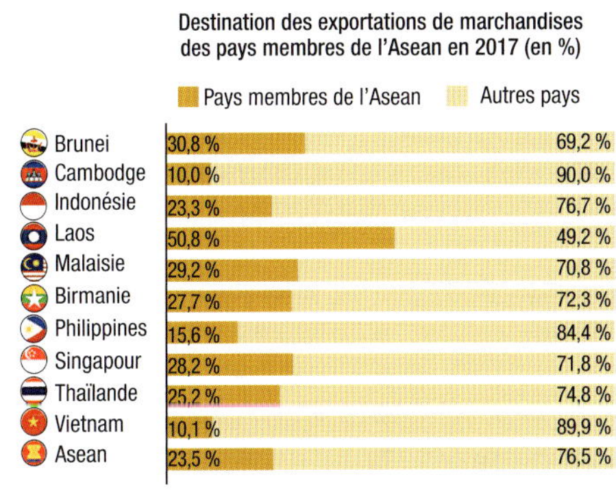

Source : Aseanstats, 2018.

L'Asean entre États-Unis et Chine

Après avoir été dépassés par la montée en puissance globale de la Chine suite à la sortie du long isolement de cette dernière, les pays de l'Asean apparaissent en mesure de tirer des avantages de la guerre commerciale entre les États-Unis et l'empire du Milieu : ces pays, aux niveaux de développement fort contrastés, se situent dans l'orbite géo-économique de la Chine et certains d'entre eux ont, de longue date, d'étroites relations commerciales ou stratégiques avec les États-Unis. Ils se retrouvent dans une position propice, tant géographiquement qu'économiquement, pour profiter d'une situation grosse d'incertitudes. Y compris pour eux-mêmes…

Alors que vient de se conclure à Bangkok, lundi 4 novembre [2019], le sommet de l'Asean auquel ont participé les premiers ministres chinois, indiens et japonais, ainsi que le secrétaire au commerce américain Wilbur Ross, l'incertitude reste de mise. Les dix pays membres de l'Asean ont beau s'être "engagés" à signer prochainement le "Partenariat économique régional global" (RCEP) – qui associera six autres pays dont la Chine, le Japon et l'Inde –, ce traité est loin d'être acquis : la Chine est favorable à la constitution de ce qui pourrait devenir la plus grande zone de libre-échange de la planète, mais l'Inde a refusé d'en faire partie, lundi, au dernier jour du sommet de Bangkok.

Pour l'heure, ce serait donc plutôt vers l'Asean que les têtes se tournent : les dix nations qui la composent, forment un ensemble régional de poids : 650 millions d'habitants pour un PIB régional approchant les 3 000 milliards de dollars. Ces dix pays représentent une force de frappe qui fait de leur Association la quatrième région exportatrice de la planète : des biens de consommation à la chaussure en passant par les disques durs et les semi-conducteurs. "La guerre commerciale sino-américaine, ainsi que l'augmentation des coûts [de travail et de production] en Chine et l'orientation croissante de cette dernière vers son propre marché intérieur, ont remis en lumière l'importance de l'Asie du Sud-Est", estime Pavida Pananond, professeure de commerce international à l'université Thammasat de Bangkok.

Bruno Philip, "La position privilégiée de l'Asie du Sud-Est dans la guerre commerciale Chine – États-Unis", Le Monde, 5 novembre 2019.

COOPÉRATION ET CONFLICTUALITÉ RÉGIONALE

Les enjeux maritimes

En Asie du Sud-Est, la superficie de l'espace maritime dépasse celle des terres émergées et, à l'exception du Laos, tous les pays de la région bénéficient d'une façade maritime, de plus en plus aménagée et intégrée dans les réseaux économiques nationaux, régionaux et mondiaux. En tant que carrefour d'échanges, la mer a historiquement joué un rôle unificateur et contribué à la définition de l'identité régionale. Mais elle est aujourd'hui prise dans une logique de fragmentation en raison des nouveaux enjeux stratégiques et économiques liés à son contrôle. Elle est le lieu d'une compétition exacerbée pour l'exploitation des ressources halieutiques et énergétiques et d'une affirmation de puissance de la part des États qui défendent leurs frontières maritimes ou en revendiquent l'extension.

Depuis le milieu des années 1970, les litiges territoriaux se sont exacerbés en mer de Chine méridionale, devenue un point chaud de confrontation entre les pays de la région et le grand voisin chinois. Deux archipels cristallisent en particulier les tensions : les Paracels, situées à 350 km au large de Danang au Vietnam et au sud de la province du Hainan en Chine, et, plus au sud, les îles Spratley, également revendiquées par la Chine et le Vietnam, mais aussi par Taïwan, les Philippines, la Malaisie et Brunei. Durant les dernières décennies, les États riverains se sont lancés dans une course à l'occupation des îlots et des récifs afin d'en revendiquer la souveraineté. Les différends prennent la forme d'arraisonnements de bateaux de pêche, d'accusations croisées, d'aménagements sur des sites contestés d'infrastructures économiques et militaires et d'accrochages militaires plus directs. La reconnaissance lors de la conférence de Montego Bay de 1982 d'une zone économique exclusive (ZEE) de 200 miles marins, assurant l'exploitation des ressources aux seuls États riverains, explique une partie de ces différends. Mais, plus encore que les ressources halieutiques et les hypothétiques ressources énergétiques offshore que recèleraient les fonds marins dans cette zone, la volonté chinoise de contrôler un axe maritime vital pour son économie explique les regains réguliers de tensions.

En Asie du Sud-Est, la mer est le support de l'une des principales routes maritimes du monde. Le détroit de Malacca en est un point de passage majeur, à l'articulation entre les lignes transocéaniques reliant les océans Indien et Pacifique, la grande route circumterrestre est-ouest du commerce mondial et des lignes intra-asiatiques. Les flux de navires, vraquiers comme porte-conteneurs, ne cessent d'y augmenter, faisant du détroit et du port de Singapour qui lui est étroitement associé, un goulet d'étranglement exposé à la piraterie maritime régionale. Près de 85 000 navires ont transité par le détroit de Malacca en 2017 contre 60 000 en 2000. L'étroitesse du détroit participe de sa dimension géostratégique pour les États riverains, mais aussi pour le reste de la planète et en particulier pour la Chine, dont une part très importante des importations et des exportations repose sur l'accessibilité du détroit. Cette inquiétude est souvent évoquée dans la presse chinoise sous le nom de "dilemme de Malacca" et justifie les opérations militaires en mer de Chine méridionale, au nom d'une nécessaire sécurisation des voies d'accès maritimes, mission que Pékin n'entend pas laisser à la seule puissance américaine, dont une flotte de plus en plus importante est également présente dans la région.

Au-delà des enjeux géostratégiques, la mer demeure un haut lieu de l'économie régionale par les activités de pêche. Avec la montée en puissance de l'aquaculture, venue compléter la pêche côtière et hauturière, l'Asie du Sud-Est compte parmi les producteurs et exportateurs les plus importants au monde. Avec l'Asie orientale, la région produit pratiquement la moitié des ressources halieutiques mondiales, en particulier dans les golfes du Tonkin et de Thaïlande, au large de Bornéo et dans les archipels philippins et indonésiens, autant de zones aujourd'hui menacées de surpêche. Le Vietnam, l'Indonésie et le Cambodge sont les premiers exportateurs de produits de la mer de la région. Les enjeux économiques sont tels que les gouvernements sont nombreux à mettre en œuvre de grands plans de valorisation des ressources maritimes, comme la "révolution bleue", lancée en 2010, en Indonésie, et le "plan de promotion de l'économie maritime", en 2017, au Vietnam. Rappelons qu'outre les aspects économiques, assurer la présence de pêcheurs en mer participe aussi d'une dimension symbolique, puisqu'elle devient un argument géostratégique de revendication de souveraineté.

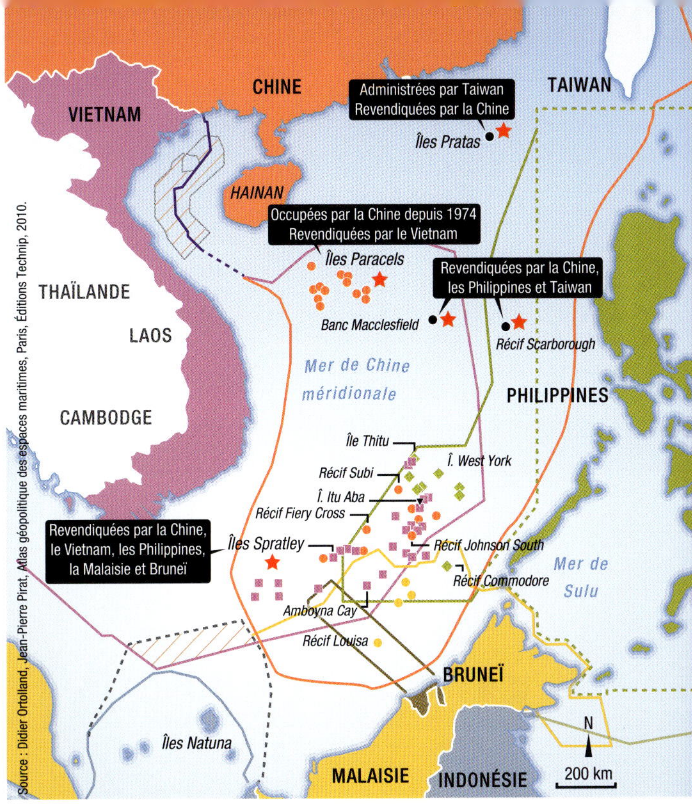

Coopérations trilatérales
- Pays membres des patrouilles trilatérales Indonésie-Malaisie-Philippines
- Pays membres des patrouilles maritimes du détroit de Malacca (*Malacca Straits Sea Patrols*)

Coopérations multilatérales
- Membres de l'Asean
- Signataires du ReCAAP[1]
- Centres de lutte contre la piraterie
- BRUNEÏ Pays ayant envoyé des officiers de liaison à l'IFC[2]

La présence américaine
- 8 / 4 / 1 Nombre d'exercice naval annuel ou biannuel impliquant des membres de l'Asean en coopération avec les États-Unis
- Pays accordant aux États-Unis un accès à leurs bases militaires

1. Regional Cooperation Agreement on Combating Piracy and Armed Roberry against Ships in Asia.
2. Information Fusion Center

Territoire occupé par
- la Chine
- la Malaisie
- les Philippines
- Taïwan
- le Vietnam
- Principaux conflits territoriaux

Revendications maritimes
- chinoises
- malaisiennes
- philippines
- indonésiennes
- Vietnamiennes
- brunéiennes

- Zone commune d'exploitation des ressources
- Limite de la zone économique exclusive ayant fait l'objet d'un accord bilatéral Chine/Vietnam
- Limite du traité de 1900 définissant les Philippines
- Limite du plateau continental ayant fait l'objet d'un accord bilatéral

Coopérations et conflits maritimes en Asie du Sud-Est

Le détroit de Malacca

Navires le long de la côte de Singapour, Singapour, 9 juillet 2017 © Jorge Silva/ Reuters

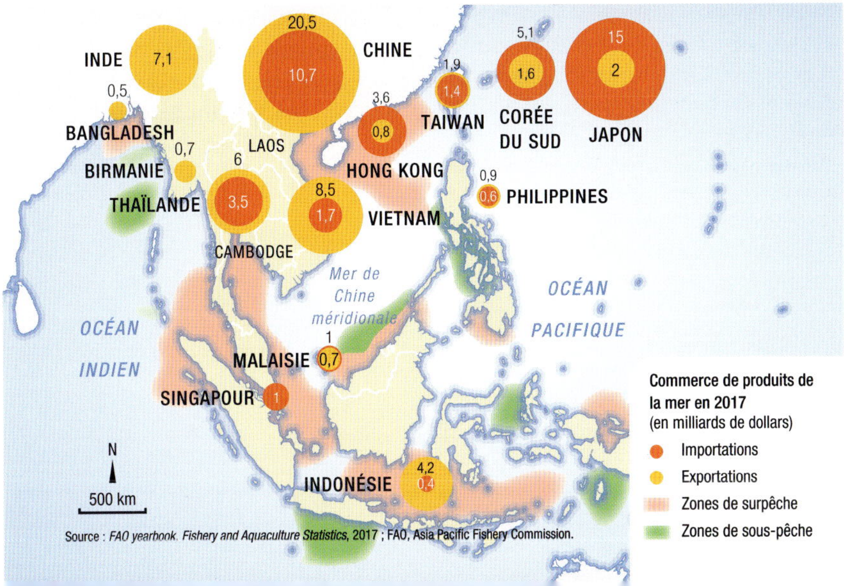

Ressources halieutiques, zones de pêche et commerce des produits de la mer dans les économies

Le Grand Mékong

La région du Grand Mékong (RGM) illustre la politique régionale des "corridors de développement", qui s'est développée à partir des années 1990, sous l'impulsion de la Banque asiatique de développement (BAD). Cette politique vise à développer de nouveaux outils d'intégration régionale par la création de zones de libre-échange transnationales, structurées par de grands réseaux de transport – routiers dans un premier temps, puis ferroviaires. Ces corridors de développement articulent les cœurs métropolitains régionaux et des régions plus en marge, notamment les périphéries montagneuses, et sont pensés comme un moyen de stimuler l'implantation de nouvelles activités économiques à vocation exportatrice et de canaliser l'accueil d'investissements directs étrangers.

La région du Grand Mékong, qui associe les cinq États de la péninsule indochinoise (Birmanie, Laos, Thaïlande, Cambodge et Vietnam) et les deux provinces méridionales chinoises du Yunnan et du Guangxi, constitue l'exemple le plus abouti de ce nouveau modèle de développement économique en Asie du Sud-Est. Le premier volet du projet, financé par la BAD entre 1992 et 2002 a conduit à l'émergence de corridors méridiens et transversaux. Le plus structurant d'entre eux est le corridor nord-sud reliant la ville de Kunming au Yunnan à Bangkok, en traversant la Birmanie et le Laos. Un corridor est-ouest relie également les deux façades maritimes de la péninsule, du Vietnam à la Birmanie. Un corridor sud relie par ailleurs les métropoles de Bangkok, Phnom Penh et Ho Chi Minh-Ville, avec une extension prévue en Birmanie. Ce réseau initial a été complété par le financement de multiples extensions entre 2002 et 2014, avec en particulier l'inclusion de la province chinoise du Guangxi, dont la ville de Nanning constitue le pôle structurant. Aux infrastructures routières de la première période, sont venus s'ajouter d'ambitieux projets ferroviaires dans des zones jusqu'ici difficiles d'accès.

Alors que le financement initial du projet émanait de la BAD, le développement de la RGM est désormais de plus en plus lié aux financements chinois. Les corridors Kunming-Bangkok et Nanning-Bangkok sont en effet officiellement considérés comme des sous-axes du projet des "nouvelles routes de la soie" (*Belt and Road initiative*), lancé en 2013 par le dirigeant chinois Xi Jinping sous le vocable initial "*One road, One belt*". L'implication chinoise grandissante, sous la forme de financements mais aussi de migrations de main-d'œuvre et d'investissements immobiliers et fonciers dans les pays voisins, est aujourd'hui de plus en plus controversée. Ses détracteurs y voient le détournement de l'entreprise d'intégration régionale en Asie du Sud-Est au bénéfice principal de la Chine et au détriment des coopérations entre pays sud-est asiatiques. En échange d'investissements dans les grandes infrastructures ferroviaires, les entreprises chinoises négocient des accès privilégiés au foncier agricole qu'elles utilisent pour promouvoir les cultures commerciales et accéder aux ressources naturelles en général.

Le projet de RGM est devenu décisif pour le développement du Laos dont il permet de pallier l'enclavement et la dépendance économique vis-à-vis de la Thaïlande. Le développement des axes Kunming-Bangkok et Nanning-Bangkok offre au pays un nouveau débouché maritime et le positionne en potentiel carrefour régional. Les effets territoriaux y sont particulièrement visibles dans le "quadrangle économique" du nord-est du pays, frontalier avec la Chine. Cet espace, initialement périphérique, recoupe en partie les limites du "Triangle d'or", nom donné à un espace transnational montagneux, longtemps marqué par la production et le trafic d'opium et par l'instabilité politique. Les minorités ethniques de la région voient leur mode de vie directement affecté par l'émergence du corridor de développement, qui se traduit en particulier par les travaux de la ligne de train et par l'intégration accélérée de la zone à une économie capitaliste mondialisée. Les plantations commerciales d'hévéa et de teck, exploitées par des Chinois sous la forme de concessions, cohabitent avec des zones économiques spéciales, marquées par le développement du tourisme, des casinos et d'une économie transnationale interlope du divertissement, autant de mutations territoriales locales engendrées par ce grand projet international. Ce modèle de développement économique reprend les principales orientations du schéma directeur du Yunnan, ce qui traduit bien la mainmise chinoise sur le projet du RMG dans cette région du Laos.

Anciens réseaux caravaniers du bassin du Mékong
- Piste caravanière
- Tête de réseau
- Nœud principal
- Nœud secondaire

Les nouveaux réseaux de la région du Grand Mékong

Corridor économique de la 1re décennie (1992-2002)
- Existant
- En construction

Corridor économique de la 2e décennie (depuis 2002)
- Existant
- En construction

Hiérarchisation des noeuds
- Tête de réseau
- Nœud principal
- Nœud secondaire
- Autre ville relais

- Bassin du Mékong
- Corridor Gange-Mékong

Source : Christian Taillard, "Un exemple réussi de régionalisation transnationale en Asie orientale : les corridors de la Région du Grand Mékong", *L'Espace géographique*, 2009/1, 38.

Corridors de développement et nouvelles infrastructures

- Frontières
- Poste frontière international
- Poste frontière local
- Corridor Nord-Sud
- Routes
- Pont en construction
- Port
- Mékong
- Ville dotée d'un aéroport
- Zone économique spéciale (ZES)

Source : Danielle Tan, dans Danielle Tan et Caroline Grillot, *L'Asie du Sud-Est dans le "siècle chinois". Cambodge, Laos et Viêt Nam*, Bangkok, Institut de recherche sur l'Asie du Sud-Est contemporaine, 2014.

Le "quadrangle" économique à la frontière laotienne

L'arrivée du train chinois au Laos

Affiche annonçant l'arrivée du train à grande vitesse chinois sur le site de construction d'un pont sur le Mékong, Laos, 13 mai 2017 © Adam Dean/The New York Times

Les trafics

À rebours des initiatives étatiques de coopération régionale, la géographie des trafics révèle d'autres formes d'intégration transnationales en Asie du Sud-Est. L'économie illégale recouvre un vaste secteur, allant de la contrebande (terme qui désigne le trafic illégal de biens légaux) aux trafics illicites (commerce illégal de biens illégaux). Elle englobe le trafic d'êtres humains, de drogue ou d'œuvres d'art, les produits de contrefaçon ou encore le trafic de médicaments. Les réseaux de l'illicite disposent de leurs propres routes et nœuds d'échanges et fonctionnent en complémentarité, et souvent en articulation, avec les grandes routes des échanges licites. Leur organisation est en perpétuelle recomposition pour s'adapter aux évolutions du marché et aux dispositifs de contrôle et de répression.

Les routes de l'illicite se déploient sur mer (avec les activités de piraterie) comme sur terre, particulièrement dans les régions montagneuses, dans une stratégie de contournement des États et des frontières. La carte ci-contre donne une vision globale des grandes routes de contrebande en Asie du Sud-Est continentale. Le narcotrafic emprunte ces routes à partir de la région transfrontalière du "Triangle d'or", aux confins montagneux de la Birmanie, du Laos, de la Thaïlande et du Yunnan chinois. Alors que la Thaïlande a considérablement durci sa lutte antidrogue depuis les années 2000, les routes de l'opium se déploient à partir du nord-est birman, empruntent le fleuve Irrawaddy et transitent à Yangon avant de rejoindre les eaux internationales de la mer d'Andaman et de débarquer sur la côte sud de la Thaïlande, où la drogue est ensuite acheminée vers les grandes villes de Bangkok, Penang et Kuala Lumpur. Les nœuds de ce trafic se situent à l'intersection des grandes routes et des frontières, où se trouvent des villes doublons, qui sont autant de points de passage. Les politiques de corridors de développement (voir p. 56-57) cherchent aujourd'hui à contrer ces trafics dans les régions montagneuses.

La ville de Boten, située au nord du Laos, dans la province de Luang Namtha, à proximité immédiate de la frontière avec la province chinoise du Yunnan, illustre l'articulation entre trafics illicites et politiques de développement dans une région marginale. Cette ville a connu un développement fulgurant après s'être vue attribuer le statut de zone économique spéciale (ZES) en 2004. L'État laotien a confié le développement et la gestion du site à des acteurs non étatiques chinois sous la forme d'une concession pour 30 ans renouvelable deux fois. L'objectif était de produire un grand complexe touristique et un centre d'affaires de 1 640 ha afin d'attirer les touristes chinois et thaïlandais et de stimuler les investissements étrangers par une fiscalité avantageuse. C'est en fait une "ville-casino" qui s'est développée, investie par quelques milliers de commerçants et croupiers chinois et autant de prostituées thaïlandaises et birmanes. À Boten, véritable "îlot chinois" en pleine forêt tropicale, on pouvait alors acheter des objets pornographiques, pourtant interdits au Laos, et assister à des spectacles de cabaret animés par des "*kathoey*", transsexuels venus de Thaïlande. Cependant, le casino a été brutalement fermé en 2010 sur injonction des autorités chinoises de la province du Hubei, qui soupçonnaient des trafics et des rétentions illégales de joueurs chinois endettés. Depuis lors, Boten a pris des airs de ville fantôme et attend une prochaine reconversion logistique, comme hub de transport sur la future ligne à grande vitesse Kunming-Vientiane.

Le marché transnational de la prostitution demeure un élément important des trafics en Asie du Sud-Est. Il résulte des difficultés économiques et sociales de franges importantes de la population régionale et des différentiels de niveaux de vie entre villes et campagnes et entre pays de la région. Au Cambodge, la prostitution concerne souvent de très jeunes filles pauvres issues des campagnes, qui viennent rejoindre les bordels et salons de massage de la capitale sous la protection de proxénètes, comme ici dans un bâtiment délabré à proximité du parc Hun Sen. À Singapour, le marché de la prostitution est très international, avec des "quartiers rouges" associés à différentes nationalités de prostituées. Les Vietnamiennes, qui travaillent à Singapour sur une base temporaire en faisant valoir leur visa touristique de membres de l'Asean, sont associées au quartier de Joo Chiat, sur la côte est de la cité-État, et notamment à sa "blue zone" regroupant bars, salons de massages et karaokés de façade. Un grand nombre de ces bars, notamment l'emblématique Blue Lagoon photographié ici, ont néanmoins été récemment fermés, alors que le quartier de Joo Chiat cherche à améliorer sa réputation et à éradiquer l'activité de prostitution. Cette évolution illustre la volatilité des activités illégales.

Routes et plaques tournantes de la contrebande

Le tourisme de casino à Boten (Laos)

Danseuses thaïlandaises posant avec le patron d'un cabaret après un spectacle, Boten, Laos, 5 juillet 2016 © Gilles Sabrié/The New York Times/RÉA

La prostitution au Cambodge

Jeune prostituée vivant dans un logement précaire du Building, bâtiment délabré dans le centre de Phnom Penh, Cambodge, 2002 © Nicolas Lainez

Pubs et salons de karaoké à Singapour

Joo Chiat Road, quartier de Joo Chiat, Singapour, 2010 © Nicolas Lainez

Les migrations

Des circulations et des migrations internes précoces ont largement contribué à l'intégration de l'Asie du Sud-Est et n'ont eu de cesse de se diversifier et de s'intensifier ces dernières décennies. Il s'agit principalement de migrations de travail, légales ou non, avec une part importante de contrats temporaires pour des postes peu qualifiés. À l'échelle mondiale, l'Asie du Sud-Est est à la fois pourvoyeuse et importatrice de main-d'œuvre : elle était la région d'origine de 8 % des migrants mondiaux et en accueillait environ 4 % en 2017. Mais ce sont les flux migratoires internes à la région qui augmentent le plus rapidement : estimés à 6,9 millions de personnes en 2015, ils étaient alors déjà trois fois plus importants qu'en 1995. La recomposition contemporaine de ces flux intrarégionaux traduit la variété des degrés d'ouverture économique et des niveaux de développement selon les pays de la région.

On peut distinguer deux sous-systèmes migratoires régionaux, illustrés par la carte ci-contre. Le premier, en Asie du Sud-Est continentale, est centré sur la Thaïlande, qui a pour particularité d'être un pays d'émigration et d'immigration, mais aussi un pays de transit et d'accueil de populations réfugiées. La Thaïlande compte aujourd'hui environ 5 millions de travailleurs migrants, soit 10 % de sa population active, dans un pays à la population vieillissante et dont l'économie nécessite une main-d'œuvre nombreuse. Les trois-quarts de ces travailleurs migrants, légaux ou non, proviennent de pays limitrophes à l'économie moins développée : la Birmanie en premier lieu, le Laos et enfin le Cambodge et plus récemment le Vietnam. Ce système migratoire continental concentre aujourd'hui plus de la moitié des migrations intra-Asean. Le pays accueille par ailleurs une population précaire du Bangladesh, mais aussi des migrants chinois. Parallèlement à ce phénomène, le gouvernement encourage et encadre une émigration de travail. Les années 1970 ont été marquées par de nombreux départs vers les pays du golfe persique, avant que ne s'opère une réorientation vers l'Asie dans les années 1990 : Corée du Sud, Taïwan et Singapour principalement. Depuis les années 2000, les départs de travailleurs thaïlandais se font plus rares, avec la hausse générale du niveau de vie dans le pays.

La Malaisie, Singapour et Brunei sont les autres pays qui accueillent le plus de migrants et forment à ce titre le second sous-système migratoire régional en Asie du Sud-Est. Une grande part de ces migrants viennent d'Indonésie, légalement – directement depuis Jakarta et Surabaya, les deux premières villes du pays, ou depuis l'île de Bornéo – ou illégalement – principalement par des routes maritimes complexes, marquées par de nombreuses étapes. Les Philippins constituent l'autre contingent important de migrants rejoignant ces trois pays, même si la majeure partie des près de 6 millions de travailleurs migrants du pays s'installent en dehors de l'Asie du Sud-Est, notamment aux États-Unis, au Canada et en Europe. Outre les migrations de travail, la présence de camps de réfugiés à la frontière entre la Birmanie et la Thaïlande rappelle également les crises migratoires régulières liées aux questions ethniques, comme dans le cas des Rohingyas.

Les migrations de Philippins à Singapour prennent une forme originale avec la part prépondérante de jeunes femmes, venues comme employées de maison (*maids*) dans le cadre d'un système migratoire très formalisé, où les migrantes sont recrutées par des courtiers dans leurs villages, dirigées vers des agences nationales de recrutement, puis formées, avant d'être redéployées vers des agences de placement dans les pays de destination où elles sont présentées à leurs futurs employeurs. Des accords bilatéraux entre Singapour et les Philippines ont facilité la mise en place de cette domesticité mondialisée. Ces migrantes sont recrutées sur une base temporaire, selon des conditions très strictes, et ne peuvent en aucun cas s'établir à Singapour sur la longue durée ou en acquérir la nationalité. On estime à 250 000 le nombre de travailleuses domestiques étrangères dans la cité-État, principalement des Philippines et des Indonésiennes, mais aussi des Birmanes ou des Indiennes et des Sri Lankaises. L'image des domestiques philippines est fortement associée au quartier central de Orchard Road, en particulier autour du *shopping mall* Lucky Plaza, où elles se retrouvent le dimanche – seul jour de congé qu'elles peuvent passer en dehors du foyer de leurs employeurs – à des fins de sociabilité, d'échanges communautaires et de détente. En complément de l'image de modernité mondialisée associée à ses *malls*, Orchard Road est ainsi devenue une centralité importante de l'immigration dans la cité-État.

Les flux migratoires sud-est asiatiques

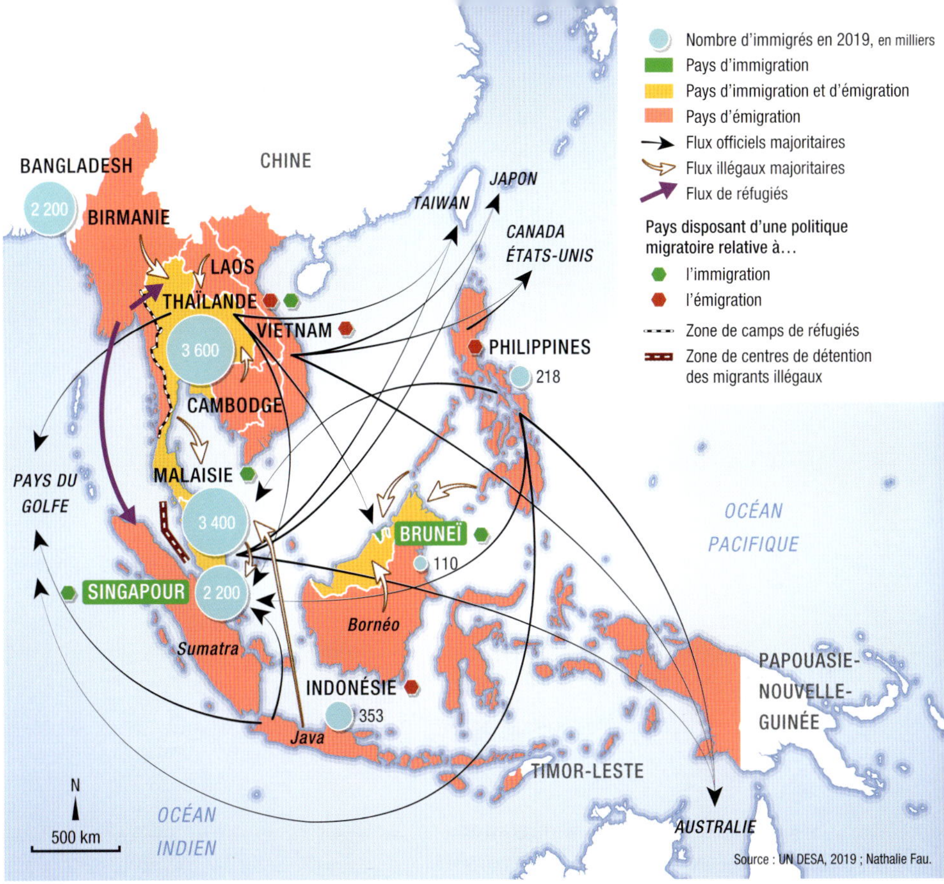

Les principaux pays d'accueil de migrants est-asiatiques

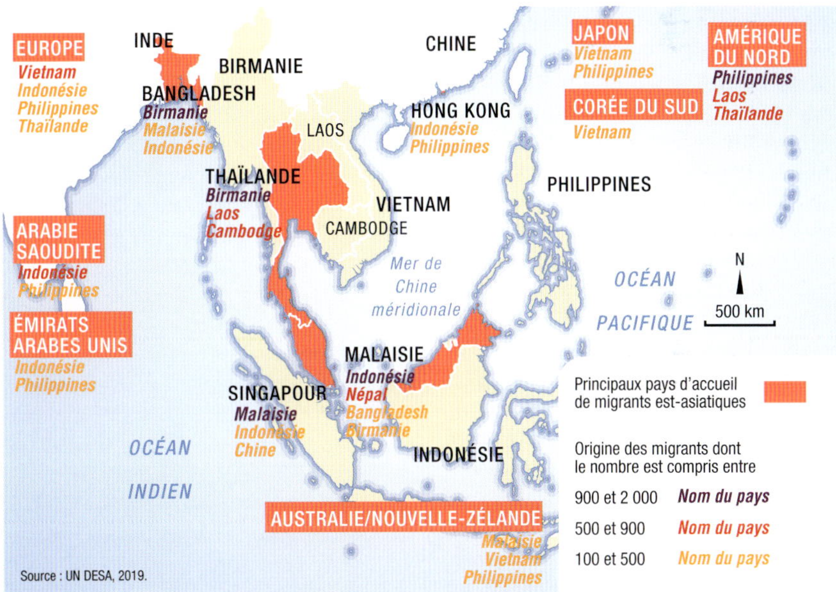

Les "sourires de l'immigration" en Thaïlande

Bureau de l'immigration, port de Savampla, Ranong, Thaïlande © Maxime Boutry

Travailleuses domestiques philippines à Singapour

Orchad Road, Singapour, dimanche 25 février 2018 © Joachim Affeldt/Alamy

CIRCULATION(S) ET MOBILITÉS

La diaspora chinoise

L'Asie du Sud-Est constitue le foyer d'expansion historique de la diaspora chinoise, avec des vagues de migrations en provenance de Chine du Sud remontant à la dynastie des Song (960-1279), qui se sont particulièrement renforcées au XIXe siècle. La région accueille aujourd'hui environ 30 millions de Chinois d'Outre-Mer, soit près de 80 % de la diaspora. Cette expression recouvre l'ensemble des populations qui se revendiquent de la communauté chinoise et en conservent la langue génération après génération même si elles n'ont plus toujours la nationalité chinoise. Toutefois, leur répartition est très inégale d'un État à l'autre, de même que leur poids démographique par rapport aux différentes populations nationales. Singapour constitue un cas particulier puisque 75 % de la population de la cité-État est d'origine chinoise. En Malaisie, la diaspora chinoise compte pour 25 % de la population totale, contre 20 % à Brunei, 10 % en Thaïlande, 8 % aux Philippines, 7 % au Cambodge, 4 % au Laos et en Birmanie, 3 % en Indonésie et 1,2 % au Vietnam.

Les facteurs de départs historiques étaient à la fois liés au contexte chinois (pression démographique, conflits lors des changements de dynastie ou d'agressions extérieures, difficultés socio-économiques) et à des éléments externes, comme le besoin de main-d'œuvre dans les colonies européennes. Celui-ci s'est traduit par un commerce des coolies (*coolie trade*), travailleurs précaires sous contrat, qui, pour un grand nombre d'entre eux, étaient chinois. Si l'émigration ralentit fortement après l'avènement de la République populaire de Chine en 1949, elle reprit dès les réformes d'ouverture des années 1980. Les membres de la diaspora sont alors considérés par le régime de Pékin comme autant d'atouts pour le développement économique du pays et pour son image. Aussi, le réseau diasporique régional est-il largement activé dans le cadre des projets de coopération transnationale des nouvelles routes de la soie.

La culture Peranakan des "Chinois des détroits", qui émerge dès le XVe siècle et que l'on retrouve en Malaisie – en particulier dans les anciennes colonies de Penang et de Malacca – et à Singapour, est le symbole des migrations chinoises précoces dans la région. Le terme désigne les descendants des premiers immigrants chinois, généralement des commerçants et des négociants, qui se marièrent avec des femmes malaises, singapouriennes ou encore indonésiennes. Ces communautés se caractérisent par l'important métissage de leur culture, où se mêlent origines chinoises et influences malaises puis britanniques. Ce métissage se traduit dans le faste de leur culture vestimentaire, mais aussi dans l'ameublement et l'aménagement des maisons. Durant la période coloniale britannique, les Peranakan ont acquis d'importantes positions sociales et une forte influence, qui déclina lors de l'occupation japonaise puis de la décolonisation. La particularité identitaire des Peranakan s'estompa alors peu à peu, les jeunes générations adoptant une culture chinoise plus standardisée. La cité-État de Singapour appuie néanmoins des initiatives de patrimonialisation de cette culture métissée, avec l'ouverture d'un musée dédié en 2008 et des actions de préservation architecturale de maisons péranakanes. Un musée a également ouvert à Penang dans une maison rénovée.

La place de la diaspora chinoise en Asie du Sud-Est se traduit en particulier par l'existence d'un quartier chinois, ou *chinatown*, dans toutes les grandes villes de la région. Ces quartiers très anciens ont joué un rôle de centralité commerçante et plus largement économique aux échelles des pays d'accueil et de la région, nourris par leurs articulations les uns avec les autres et avec la Chine. À Manille, le *chinatown* historique correspond au quartier de Binondo, qui remonte au temps de l'administration espagnole au XVIe siècle. Les colonisateurs avaient imposé aux populations chinoises de rester hors du centre colonial. Localisé sur la rive gauche de la rivière Pasig et à proximité du port, Binondo est précocement devenu un important quartier commercial dans la ville. La plupart des populations chinoises de Manille vivent néanmoins dans les communes périphériques, où se multiplient les lotissements résidentiels. Mais, la sinité du quartier est régulièrement célébrée lors des traditionnels défilés du Nouvel An lunaire, qui rencontrent toujours un important succès populaire. Aujourd'hui, la communauté chinoise de Manille est de plus en plus hétérogène, entre descendants des premières générations de migrants et nouveaux venus de Chine continentale des années 2000 et 2010. Pour ces derniers, le quartier de Binondo reste un référentiel très important et ils contribuent largement à ses recompositions économiques et architecturales contemporaines.

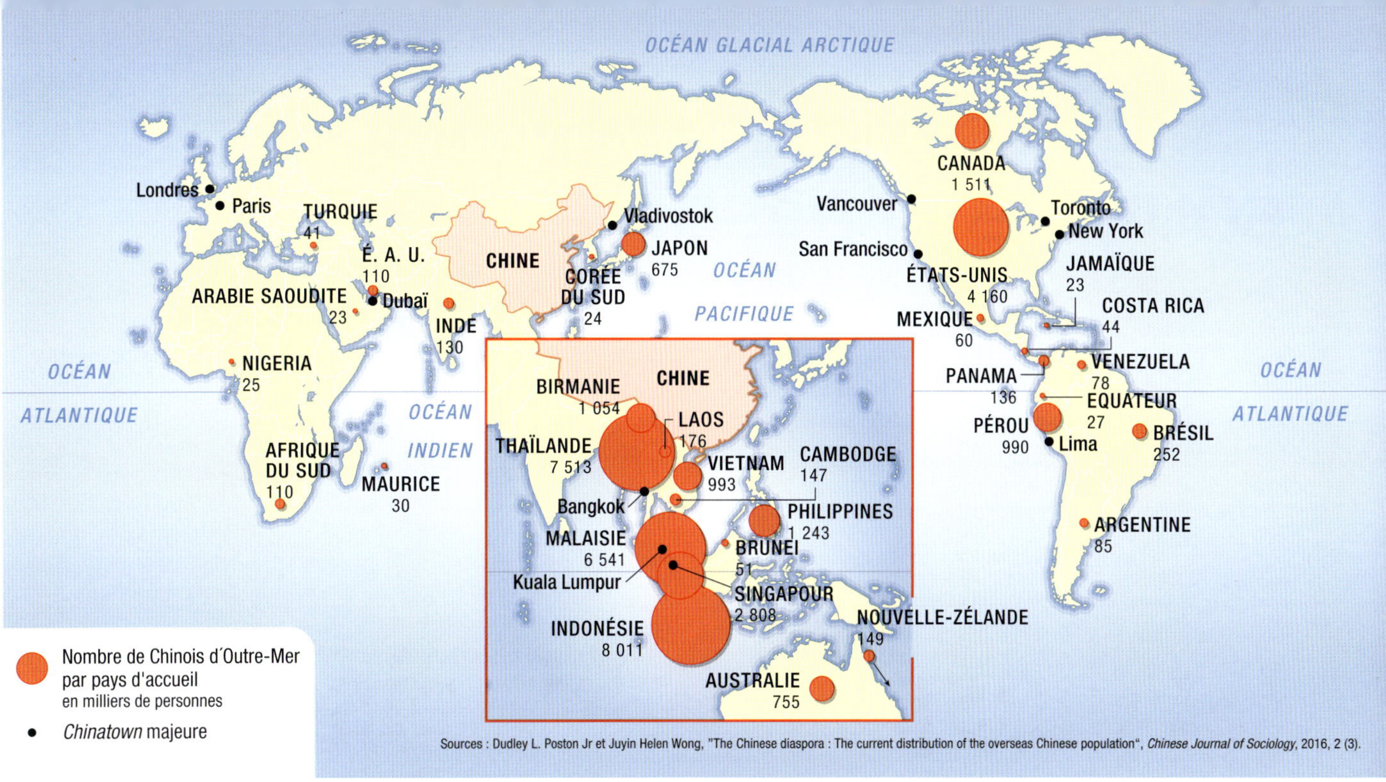

La diaspora chinoise

Chinatown à Manille

Défilé d'un dragon dans Ongpin street lors des célébrations du Nouvel An lunaire à Binondo, Manille, Philippines, 19 février 2015 © Gerard Seguia/Pacific Press/LightRocket/Getty Images

Portrait de famille dans une maison Peranakan

Penang, Malaisie, 22 janvier 2019 © De Fiqah Anugerah Dah Besa/ Shutterstock

SOURCES ET RESSOURCES

Ouvrages et articles

Bourdeaux Pascal et Jammes Jérémy (dir.), *Chrétiens évangéliques d'Asie du Sud-Est: Expériences locales d'une ferveur conquérante*, Rennes, Presses Universitaires de Rennes, 2016.

Boutry Maxime, Hartmann Alicia et Ivanoff Jacques (dir.), "Trafics en Asie du Sud-Est", *L'Espace politique*, numéro spécial, 14, n° 3, 2014.

Carrier Adeline, *Phnom Penh privatisée. La propriété à l'épreuve de la coutume*, Bangkok, Irasec-Péninsule, 2019.

Chaponnière Jean-Raphaël et Lautier Marc, *L'Asie du Sud-Est: au carrefour de la mondialisation*, Paris, Bréal, 2019.

Colin Sébastien, *La Chine et ses frontières*, Paris, Armand Colin, 2011.

Dietrich Judicaëlle, "Contestation ou négociation à Jakarta? Deux quartiers face aux projets urbains de la métropole", *Cybergeo*, n° 756, 2015.

Duchère Yves, *Hà Noi et sa région. Une géographie du compromis en régime autoritaire*, Paris, Les Indes savantes, 2019.

Esposito Adèle, *Urban Development in the Margins of a World Heritage Site: in the Shadows of Angkor*, Amsterdam, Amsterdam University Press, 2018.

Fanchette Sylvie (dir.), *Hà Nội*, future métropole. *Rupture de l'intégration urbaine des villages*, Marseille, IRD Éditions, 2015.

Fanchette Sylvie, "Quand l'industrie mondialisée rencontre l'industrie rurale: Hanoï et ses périphéries, Vietnam", *Autrepart*, 2014, n° 69.

Fau Nathalie et Franck Manuelle (dir.), *L'Asie du Sud-Est: Émergence d'une région, mutation des territoires*, Paris, Armand Colin, 2019.

Fau Nathalie et Tréglodé de Benoît (dir.), *Mers d'Asie du Sud-Est: Coopérations, intégration et sécurité*, Paris, CNRS Éditions, 2018.

Fauveaud Gabriel, *La production des espaces urbains à Phnom Penh: Pour une géographie sociale de l'immobilier*, Paris, Publications de la Sorbonne, 2015.

Fortunel Frédéric et Gironde Christophe (dir.), *L'or blanc. Petits et grands planteurs face au "boom" de l'hévéaculture (Viêt Nam – Cambodge)*, Bangkok, Irasec, 2014.

Franck Manuelle, Goldblum Charles et Taillard Christian (dir.), *Territoires de l'urbain en Asie du Sud-Est: métropolisations en mode mineur*, Paris, CNRS Éditions, 2012.

Franck Manuelle et Sanjuan Thierry (dir.), *Territoires de l'urbain en Asie: une nouvelle modernité?*, Paris, CNRS Éditions, 2015.

Frécon Éric et Tréglodé de Benoît (dir.), "La Chine et l'Asie du Sud-Est, vers un nouvel ordre régional?", *Monde chinois*, numéro spécial, 2018, 2-3, n° 54 55.

Gibert-Flutre Marie, *Les envers de la métropolisation. Les ruelles de Hồ Chí Minh Ville (Vietnam)*, Paris, CNRS Éditions, 2019.

Guérin Mathieu, "Conserver la faune sauvage de la péninsule malaise: de la Malaya britannique à la Malaisie indépendante", *Vertigo*, 2017, 17, n° 1.

Granger Serge et Caouette Dominique (dir.), *L'Asie du Sud-Est à la croisée des puissances*, Montréal, Presses Universitaires de Montréal, 2019.

Hirsch Philip (dir.), *Routledge Handbook of the Environment in Southeast Asia*, Abingdon; New York, Routledge, 2017.

Koninck (de) Rodolphe, *Singapore's Permanent Territorial Revolution: Fifty Years in Fifty Maps*, Singapour, NUS Press, 2017.

Koninck (de) Rodolphe et Rousseau Jean-François, "Pourquoi et jusqu'où la fuite en avant des agricultures sud-est asiatiques?", *L'Espace géographique*, 2013, 42, n° 2.

Madinier Rémi (dir.), *Indonésie contemporaine*, Paris, Les Indes Savantes - Irasec, 2016.

Padawangi Rita (dir.), *Routledge Handbook of Urbanization in Southeast Asia*, Abingdon; New York, Routledge, 2018.

Peyronnie Karine, Goldblum Charles et Sisoulath Bounleuam (dir.), *Transitions urbaines en Asie du Sud-Est. De la métropolisation émergente et de ses formes dérivées*, Marseille, IRD Éditions, Irasec, 2017.

Peyvel Emmanuelle, *L'invitation au voyage: Géographie post-coloniale du tourisme domestique au Viêt Nam*, Lyon, ENS Éditions, 2016.

Peyvel Emmanuelle et Gibert Marie, "La fabrique du quartier routard de Pham Ngu Lao (Hô Chi Minh-Ville, Viêt-nam). Rapports de pouvoir et inégalités dans la mondialisation touristique", *L'Espace géographique*, 2018, vol. 47, n° 2.

Taillard Christian, "Un exemple réussi de régionalisation transnationale en Asie orientale: les corridors de la Région du Grand Mékong", *L'Espace géographique*, 2009, 38, n° 1.

Tertrais Hugues, *Atlas de l'Asie du Sud-Est, les enjeux de la croissance*, Paris, Autrement, 2014.

Tréglodé de Benoît (dir.), *Histoire du Viêt Nam de la colonisation à nos jours*, Paris, Éditions de la Sorbonne, 2018.

Vienne (de) Marie-Sybille, *Brunei de la thalassocratie à la rente*, Paris, CNRS Editions, 2012.

Ressources en ligne

Institut de Recherche sur l'Asie du Sud-Est (Irasec): www.irasec.com

GIS Asie: www.gis-reseau-asie.org

Asia Research Institute (Université nationale de Singapour): ari.nus.edu.sg

Centre Asie du Sud-Est (CASE – EHESS): www.ehess.fr/fr/centre-asie-sud-est-case

Association française de recherche sur l'Asie du Sud-Est (AFRASE): www.afrase.org

Revue Moussons, Recherches en sciences sociales sur l'Asie du Sud-Est: journals.openedition.org/moussons/

Romans

Chart Korbjitti, *Chiens fous*, 2011.

Dương Thu Hương, *Les paradis aveugles*, 1988.

Dương Thu Hương, *Terre des oublis*, 2005.

Eka Kurniawan, *Les belles de Halimunda*, 2002.

Eka Kurniawan, *Cash*, 2019.

Khun Srun, *L'accusé*, 1973.

Nguyễn Huy Thiệp, *Mademoiselle Sinh*, 2010.

Pramoedya Ananta Toer, *Buru Quartet* (I à IV), 2001-2018.

Shih-Li Kow, *La somme de nos folies*, 2018.

Tan Twan Eng, *Le don de la pluie*, 2018.

Viet Thanh Nguyen, *Le sympathisant*, 2015.

Films de fiction

Anthony Chen, *Ilo Ilo*, 2013.

Brillante Mendoza, *Tirador*, 2007; *Kinatay*, 2009; *Taklub*, 2015.

Katsuya Tomita, *Bangkok Nites*, 2016.

Trần Anh Hùng, *Cyclo*, 1995; *À la verticale de l'été*, 2000.

Apichatpong Weerasethakul, *Oncle Boonmee, celui qui se souvient de ses vies antérieures*, 2010.

Midi Z, *Return to Burma*, 2011; *Poor Folk*, 2012.

Rithy Panh, *Les Gens de la rizière*, 1994; *S21, la machine de mort khmère rouge*, 2003.

Yasmin Ahmad, *Sepet*, 2005; Mukhsin, 2006.